我的猫咪有压力？

猫咪幸福生活指南

[韩] BEMYPET 著图　梁超 译

고양이 스트레스 상담소

SPM 南方传媒 | 广东科技出版社
全国优秀出版社
·广州·

图书在版编目（CIP）数据

我的猫咪有压力？：猫咪幸福生活指南 /（韩）BEMYPET著图；梁超译. —广州：广东科技出版社，2024.1
ISBN 978-7-5359-8124-0

Ⅰ. ①我… Ⅱ. ①B… ②梁… Ⅲ. ①猫—驯养 Ⅳ.①S829.3

中国国家版本馆CIP数据核字（2023）第142806号

고양이 스트레스 상담소 (A Cat's Stress Clinic)

广东省版权局著作权合同登记号 图字：19-2023-329

我的猫咪有压力？猫咪幸福生活指南
Wo de Maomi You Yali? Maomi Xingfu Shenghuo Zhinan

出 版 人：严奉强
责任编辑：李 婷 黄豪杰
装帧设计：友间文化
责任校对：陈 静
责任印制：彭海波
出版发行：广东科技出版社
（广州市环市东路水荫路11号 邮政编码：510075）
销售热线：020-37607413
https: //www.gdstp.com.cn
E-mail：gdkjbw@nfcb.com.cn
经 销：广东新华发行集团股份有限公司
印 刷：广州一龙印刷有限公司
（广州市增城区荔新九路43号 邮政编码：511340）
规 格：890 mm × 1 240 mm 1/32 印张7.125 字数170千
版 次：2024年1月第1版
2024年1月第1次印刷
定 价：59.80元

如发现因印装质量问题影响阅读，请与广东科技出版社印制室联系调换
（电话：020-37607272）。

只要不做猫咪讨厌的事，它们就会拥有幸福的生活

大家好！这里是宠物知识分享频道——BEMYPET，我们的宗旨是“让宠物过上幸福的生活”。

最近流行着一句话：“猫咪征服了地球。”大家对猫咪的关注程度空前高涨。“捡猫”一词，意思是领养路边遇到的流浪猫，一时之间成了搜索网站的热搜词。猫咪以其特有的高冷的爱意表达方式，深深地打动了很多人的心。

我们经常会收到类似下面这样的问题。

“猫咪总对我这个主人很冷漠，这是正常的吗？”

“我想亲亲猫咪，但它会马上来攻击我。”

“感觉全家人里面，猫咪最讨厌我了。”

“我想带着猫咪一起去旅游，有什么推荐的地方吗？”

从这些问题就可以看出大家对猫咪有多么地喜爱了。但是你们知道吗，有的时候，主人表现出的爱意或者自己都记不住的一些日常琐碎行为，都会让猫咪感到很疲惫。

因为猫咪对压力很敏感，只要有一点点不舒服或者不开心，就会对其健康产生影响。

猫咪有很强的独立性，大家都认为猫咪是最能适应现代人生活方式的宠物，但这句话只说对了一半。猫咪天生性格就很敏感，只是不表现出来而已，它们很容易感到孤独，所以需要人类的陪伴。正因如此，很多人都把自己的生活分为“养猫前”和“养猫后”两个阶段。

说到这里，就会有人产生这样的疑问：“猫咪到底会承受多大压力呢？”对人类来说微不足道的变化，对猫咪来说可能是会让其世界颠倒的巨大变化，会对其造成巨大的压力。但是有人又会问了：“狗和猫都是陪伴人类已久的宠物，为什么只有猫会有这么特别的反应呢？”

在我们身边的宠物中，尤其要关注猫的心理压力，这要从猫与生俱来的气质，也就是其本性说起。作为领域性动物的猫，守护领域是本能，对于猫来说，领域不仅仅是空间，还包括行为，甚至包括见到的人。

如果猫咪唯独对你特别冷漠的话，请思考一下原因。在关注猫咪的性格和疾病之前，请一一回忆自己的所作所为。“自从搬到新的地方后，猫咪就对我很生疏。”“因为太忙而忘记打扫猫砂盆，结果导致猫咪得了膀胱炎。”这一类的问题一定会在你脑海中浮现。然后你会幡然醒悟，原来很多并非出自本意的行为都会让猫咪变得不幸福。

要想让猫咪生活得更加幸福，最好的也是最重要的方法就是：

“不要做猫咪讨厌的事。”

本书正是基于此观点，总结了日常生活中不经意间带给猫咪压力甚至疾病的行为、生活方式及环境，并分享了一些简单且专业的解决方法，每个人都能轻松学习和借鉴。此外，为了让大家更容易理解猫咪出现某些特定反应的原因，本书还介绍了猫咪的本能、习性和身体语言等方面的内容。我们还想强调一点，要想成为最好的主人，必须具备的品德之一就是正确了解猫咪的特性，避免最坏情况的发生。因此，本书是一本为计划养猫的预备主人，以及刚刚开始和猫咪一起生活的新手主人准备的“主人生活指南”，同时也是一本“猫咪压力护理指南”。

这本书是在对BEMYPET网站上发布的1 000多个专业知识、信息，以及问答社区的提问中搜索和阅读量最多的猫咪问题行为，进行筛选和整理的基础上汇编而成的。本书囊括了许多令猫咪主人苦恼的问题，希望它能成为对大家有实际帮助的指南书。

本书中的猫咪角色是一只名叫“三色”的韩国短毛猫。作为BEMYPET的主角之一，它具有“外冷内热”的傲娇性格。它和一只寻回犬“粒粒”，以及一位虽然做得不够好但总是竭尽全力的主人“宇宙人”一起生活。相信大家在阅读本书时，那只时不时跳出来自称“宇宙大明星”的三色，一定能给大家带来不少乐趣。

（实际上三色散发魅力的点在于声音。它的语调就像真的是一只猫咪在说话一样，所以引发了读者们的共鸣，也获得了很高的人气。感兴趣的话，请访问哔哩哔哩中的BEMYPET频道。欢迎大家订阅和点赞！）

和猫咪一起生活需要细心，还需要有奉献精神，这也是为什么养猫的人要说自己是“铲屎官”的原因。话不多说，让我们一起走进猫咪的内心世界吧！

2022年6月

BEMYPET

目录

PART 1 我们的猫咪现在幸福吗?

· 确认猫咪内心的方法 · 2

· 我的猫咪有压力吗? · 11

· 首先要了解猫咪的本性 · 15

· 作为主人必须要了解的猫咪疾病 · 23

· 主人的这些行为特征会令猫咪讨厌 · 28

专栏 和猫咪初次见面就变亲近的方法 · 32

PART 2 哔！猫咪会讨厌主人的这些行为

· 不能让猫咪独处太久 · 38

· 不要随意抱猫咪 · 47

· 管教猫咪的时候千万不要打它 · 52

· 不能带猫咪外出散步 · 58

· 猫咪的餐具不能随便乱用 · 64

专栏　猫咪怎样认出主人？ · 69

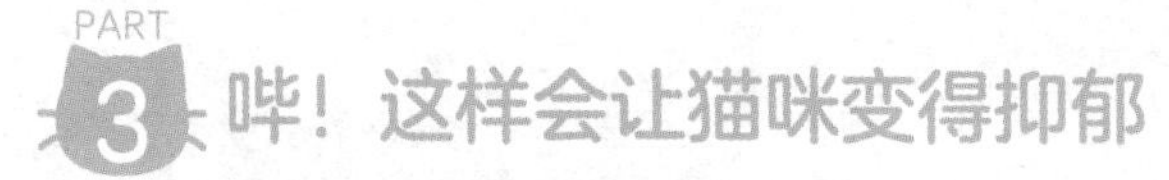

PART 3 哔！这样会让猫咪变得抑郁

- 让猫咪们合住需要慎重 · 74
- 猫咪也会有倦怠感 · 79
- 不能任由猫咪肥胖 · 85
- 不能因为猫咪不喜欢就推迟刷牙 · 91
- 猫咪吃人类的食物很危险 · 95
- 给猫咪洗澡的时候要注意 · 100
- 猫咪不需要装饰物和衣物 · 105

专栏 我的猫咪可以活到几岁呢？ · 110

PART

4 哔！避开让猫咪焦虑的环境

· 搬家时，猫咪可能会产生压力 · 116

· 请注意猫咪的生活空间 · 122

· 不能随意选择宠物医院 · 127

· 对猫咪有毒的植物 · 131

· 猫咪喜欢干净的环境 · 135

· 猫咪可能会因厕所而生病 · 139

· 请一定要为猫咪驱蚊 · 146

· 猫咪不能没有猫抓板 · 150

专栏 猫咪睡觉位置的秘密 · 154

PART 5 猫咪内心说明书
——致想成为猫咪喜爱的主人的你

· 猫咪用身体和主人说话 · 160

· 让猫咪慢慢“融化”的身体接触秘诀 · 166

· 猫咪叫声的含义，它们在说什么呢？ · 173

· 夸奖会让猫咪感到幸福 · 178

· 猫咪睡觉的姿势也有很多含义 · 181

· 猫咪忽然咧嘴或撕咬的原因是什么？ · 188

· 猫咪生病的信号 · 193

· 为了猫咪和主人每天都能过上幸福的生活 · 202

专栏 我作为主人能得几分？ · 206

附 录

有趣的猫咪 MBTI 性格测试 · 210

猫咪 MBTI 性格测试结果 · 212

让流浪猫收获幸福的生活指南 · 214

PART 1

我们的猫咪
现在幸福吗？

确认猫咪内心的方法

和猫咪在一起的生活是以前无法想象的温暖和幸福。听着猫咪的呼吸声，和它一起睡觉，疲惫和倦怠的身心一下子就舒缓了许多。但偶尔也会想："我的猫咪和我一起生活，它幸福吗?"要确认这一点，方法很简单。首先回答下面的问题，自己家的猫咪都有什么样的行为呢?

CHECK 猫咪幸福感小测试

- □ 和主人对视的时候，眯着眼睛。
- □ 一边凝望主人，一边用爪子抓挠。
- □ 睡觉的时候，屁股朝着主人。
- □ 主人一回家，就用屁股和脸颊蹭主人。
- □ 晚上主人睡觉的时候，不发出声音。
- □ 偶尔会爬到主人的腿上，拍拍主人。
- □ 偶尔会出现在主人面前并竖起尾巴抖动。
- □ 将自己的脸贴向主人的脸。
- □ 只要摸它的额头和下巴等处，就会发出咕噜声。
- □ 跟在主人后面，时不时“插手”。
- □ 主人一叫它的名字，就回答“喵”。
- □ 露出肚子，伸懒腰。
- □ 在主人的腿上蹭自己的身体。
- □ 主人回家的时候到门口迎接。
- □ 在主人面前玩玩具玩得很好。
- □ 想要爬到主人身上。

结果

- 0~4个：如果是这个成绩，那猫咪很容易患有抑郁症。你还需要努力啊！
- 5~8个：虽然你在好好地努力，但还有很多需要改进的地方！
- 9~12个：虽然有些许的不足，但你已经是得到猫咪肯定的专业主人了！
- 13~16个：你是为了猫咪的幸福而不懈努力的最棒的主人！

你的测试结果如何呢？如果结果比想象的差也不要过于担心，知道如何成为最棒的主人才是最重要的。为了提高猫咪的幸福感，需要先观察周围环境，即检查猫咪生活的空间、方式和环境，这也是本书要介绍的主要内容。那么让我们更详细地了解一下影响猫咪幸福感的因素吧！

✓ 猫咪有自己的专属空间吗？

猫咪具有独立性，所以需要自己的专属空间。猫咪一旦成年，就习惯和家人保持距离，单独生活。所以需要给它准备一个不被任何人打扰，可以安静休息的空间，这一点很重要。如果有陌生的人进入，猫咪会感到不安，所以要给它找一个可以躲藏的地方。

✓ 你和几只宠物一起生活呢？

现在和你一起生活的宠物共有几只呢？如果你养了不止一只宠物，彼此的亲密程度不同，它们可能会产生或多或少的压力。猫咪不是群居动物，所以警戒心比较强。如果不是从小生活在一个房间、彼此熟悉、一起长大的兄弟猫咪，那就请给它们创造彼此独立的生活空间，并随时确认它们是否一起生活得很幸福。

✓ 猫咪能尽情地在垂直空间活动吗？

猫咪和狗不同，比起在宽敞的空间奔跑，它们更喜欢跳上跳下。所以对于猫咪来说，比起平面的空间，垂直的空间对其更加重要。如果猫咪无法尽情地在垂直空间活动，那就可能因为运动不足而无法消解压力，并可能出现肥胖、无力等健康问题，这一点需要注意。

要站在猫咪的立场检查其生活环境

猫咪幸福生活所需的基本条件是否已经具备了呢？不妨站在猫咪的立场，核对一下下面的清单。

CHECK 猫咪生活环境核对清单

- □ 食谱均衡，可以吃到美味新鲜的饭菜。
- □ 可以喝到新鲜干净的水。
- □ 夏天过得凉爽，冬天过得温暖。
- □ 在没有噪声的安静空间里有个厕所。
- □ 有清洁舒适的厕所。
- □ 有确保无外部危险的安全空间。
- □ 深受主人的关心与爱护。
- □ 每天有30分钟以上充分运动玩耍的时间。

✓ 猫咪独处的时间很长吗？

大家对猫咪有一个典型的误解，那就是“让猫咪独处也没有关系”。虽然猫咪需要独处的时间和空间，但是让它们独处时间太久也是不可取的。每只猫咪的性格都不尽相同，有的猫咪对主人有很强的依赖性，严重的时候甚至会出现由于分离焦虑而导致的抑郁症。无论猫咪独自过得多么好，主人超过一天不出现的话也不太行，尽可能保证每天和猫咪玩耍30分钟以上。关于猫咪分离焦虑的内容，在本书第二章的“不能让猫咪独处太久”一节中会详细阐述。

√ 你和猫咪之间建立起充分的信任了吗？

我们和很多人之间都建立了关系，但值得猫咪信赖并建立关系的就只有主人。因此与主人之间的联系和信赖，对猫咪稳定的幸福生活有很大的影响。所以请拿出足够的时间和猫咪待在一起，经常用梳子或按摩棒来和猫咪进行身体接触。

√ 你会经常责备猫咪吗？

和猫咪一起生活，难免会遇到各种意外情况。猫咪会打翻东西、刮花家具或地板，甚至还会撕下壁纸、翻垃圾桶。但是猫咪的大部分问题行为都和其本能有关，所以预防这些行为是很重要的。即使在责备猫咪的时候，也切勿体罚或大声说话。因为猫咪可能会感到恐惧，进而产生精神创伤。请记住，责备的目的是纠正问题行为，而不是让其不安或恐惧。

√ 猫咪感到幸福时的行为

到现在为止，我们了解了影响猫咪幸福感的六个因素。但你真的了解猫咪的内心世界吗？下面我们将具体介绍猫咪感到幸福时会出现的行为。根据下面的表1，请大家回忆一下家中猫咪的行为。让我们一起来看看猫咪的内心世界吧。

· 表1　猫咪感到幸福时的10种行为

猫咪的行为	行为的含义
发出像唱歌一样的叫声	猫咪心情好或感到满足时的行为。焦虑的时候，为了让自己能够更加安心偶尔也会这样。
尾巴呈“一”字形朝上	猫咪高兴或兴奋时的行为。狗用摇尾巴来表示高兴，相反猫则用摇尾巴来表达不满。
用尾巴或脸颊蹭主人的身体	向主人表达爱意。猫咪用自己的气味来标记领域的行为，意味着主人属于自己的领域。
胡须松散地垂着	猫咪很放松的状态。相反，如果胡须像弓箭一样挺得笔直，则表示警惕。
露出肚子打滚	对猫咪来说，肚子是致命的弱点。露出肚子表示对主人非常信任，也是高兴的表现。

（续表）

猫咪的行为	行为的含义
舔主人或用头蹭主人	猫咪舔主人的脸、手，或者用头蹭主人，意思是“我好喜欢你！”这是猫咪能做的对幸福最好的表达。
慢慢用眼睛向主人问候	猫咪看着主人，轻轻地闭上眼睛，然后再睁开，这就是“眼神问候”。这是一种信任与爱的表达，意思是它目前处于非常稳定与幸福的状态。
用爪子抓挠	主人回家的时候，或者吃饭、上厕所的时候，猫咪在主人面前用爪子抓挠的话，表示它心情好，满意度很高。
眼睛眯成一条缝	如果猫咪看起来像要睡觉一样眯着眼睛，那说明猫咪没有敌意和警戒心，对生活环境感到安心。
左右前脚交替踩踏	这原本是一种小猫对猫妈妈撒娇的行为，如果猫咪吮吸主人的被子和衣物，或在上面用左右前脚交替踩踏，就是安心和信赖的表现。

BEMYPET Tip

对压力敏感的猫咪

猫咪比其他宠物对压力更加敏感。如果对周围的环境不适应，或者主人做了不好的行为，那它就很容易感到有压力。特别是高度的压力会让猫咪患上抑郁症、食欲减退等疾病。所以我们除了单纯地给予猫咪爱之外，还要慢慢了解预防猫咪产生压力的方法。

我的猫咪有压力吗?

猫咪对环境变化和压力很敏感，在野生环境中，猫咪是生活在一个固定领域的动物，所以生活的领域越广，猫咪就会越敏感。

对猫咪来说，领域就是周围对其产生影响的一切事物，包括空间、主人等。所以对主人来说小小的变化，对猫咪来说是很大的压力。特别是有陌生人来家里，或和新的家庭成员合住等居住环境的变化，会给猫咪带来巨大的压力。猫咪在日常生活中面对的压力及其解决办法会在后面的章节中慢慢道来，在这一节中，我们先来了解一下猫咪在压力下会出现怎样的行为。猫咪持续生活在压力下的话，会做出与平时不同的行为，长时间放任不管会发展成重大的疾病，所以经常关注猫咪在日常生活中的行为是很重要的。

√ 当猫咪感到有压力时

下面是猫咪感到有压力时出现的七种典型行为。根据不同的行为，我们分别介绍了猫咪受到的压力程度和应对方法。

1．左顾右盼（压力风险等级1级）

猫咪瞳孔放大，环顾四周，意味着感到不安，对周围环境保持警惕。这是外界突然发出很大的声音或猫咪听到陌生人的声音时常见的行为。不要太紧张，用温和的声音呼唤猫咪的名字，让其安静下来。

2．低下身子前进（压力风险等级1级）

猫咪把耳朵向后伸，把身体压低到地上，这意味着猫咪在害怕或警惕着什么。这种时候最好给猫咪提供一个安全的藏身之处。

3．快速摇动尾巴（压力风险等级2级）

猫咪快速摇动尾巴或用尾巴“啪啪”地击打地板，说明它对现在的状况非常不满意。如果你在抚摸或抱着猫咪的时候，它做出这样的行为，就意味着它很不舒服，这时应该迅速放下猫咪或停止触摸。

4. 竖起毛发并龇牙咧嘴（压力风险等级2级）

如果猫咪的尾巴像漫画里那样毛发竖立膨胀的话，就表示猫咪处于兴奋状态。此时如果猫咪发出“嘶哈”声或者龇牙咧嘴的话，就是在告诉你不要再靠近了。这种行为说明猫咪受到了惊吓或者感到紧张，我们需要安静地等待猫咪自己平静下来。

5. 大声而长久地哭叫（压力风险等级3级）

虽然有的猫咪很爱表达自己的情绪，但猫咪平时往往不爱叫。如果猫咪与平时不同，一直大声哭叫，就有可能意味着不安或哪里疼痛。就像肚子饿或厕所脏的时候一样，它有要求的时候也会哭叫，所以了解原因很重要。

6. 张开嘴呼吸（压力风险等级3级）

猫咪通常用鼻子呼吸，所以只要不做剧烈的运动，就不会张嘴呼吸。如果猫在正常情况下张着嘴、呼吸急促，说明它感到极度的不安和压力，需要我们引起注意。如果过了一段时间还没有稳定，最好给宠物医院打电话咨询。

7. 到处乱尿（压力风险等级3级）

猫咪不用别人教，从小就知道要将排泄物埋起来。如果猫咪突然在猫砂盆以外的地方小便，可能是感受到了极度的压力或不安，也可能是因为健康问题，所以不要批评猫咪，先观察猫咪的情况后再带它去医院检查。

通过本节，我们了解到了猫咪在受到压力时的典型行为。如果我们的猫咪有压力，就应该找出原因并加以解决。

CHECK **猫咪感到有压力的原因**

- □ 听到打斗声、叫喊声等巨大的声响时。
- □ 搬家或室内装修导致环境发生变化时。
- □ 突然更换猫砂、饲料和餐具时。
- □ 与其他宠物合住时。
- □ 有了新的家庭成员时。
- □ 主人长时间外出引起分离焦虑时。
- □ 散步、外出等暴露在陌生环境中时。

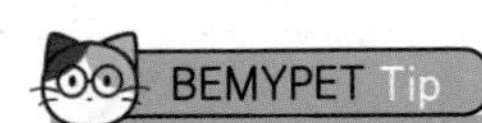

请记住猫咪的压力风险等级

如果猫咪的压力风险等级达到3级，就说明猫咪受到了极度的压力，需要立即去医院。特别是到处乱尿也与猫咪容易得的疾病有关系，所以要多加注意。

首先要了解猫咪的本性

人和猫是从什么时候开始生活在一起的呢？资料显示，至少在9 000年前，古代中东地区农业开始发展的时候，人和猫就开始一起生活。虽然猫咪和人在一起的时间很长，但由于猫咪敏感和挑剔的性格，养猫并没有想象的那么容易。

要想真正了解猫咪的内心，首先要从动物学的角度了解猫咪的本能、习性和身体特征。要想了解猫咪，提升猫咪的幸福感，就需要我们学习一些基本知识。

✓ 了解猫咪的野生本能和习性

野生的肉食猎人，小猛兽！

面对猫咪可爱娇小的外貌和轻快的步伐，主人的心都慢慢被融化了。但是有一个特性不能忘记——猫咪属于动物中肉食性最强的猫科！乍一看，猫咪的体型比狗小，感觉很弱小，但实际上猫咪的狩猎本能超乎我们的想象。咬住就不松口的锋利的虎牙，凶狠的爪子，面对5倍于自己身高的高度也能轻松跳跃的实力，时速48千米的快速奔跑能力，这些都是捕捉猎物的最佳条件。

所以，即使是家猫，每天也要进行30分钟以上的狩猎游戏，让猫咪尽情地表现出狩猎本能，并利用猫爬架、猫爬梯等充分进行垂直空间活动。另外，因为猫咪想要守护自己的领域和空间的本能很强，所以对陌生人或陌生动物的警戒心和敌对感很强，也会和一起生活的动物进行领域斗争。

优秀的身体能力和出色的感官

猫咪拥有非凡的平衡能力，可以在不到一拃宽的狭窄篱笆或围墙上平稳地行走，以及拥有从9倍于自己身高的高处坠落并安全落地的惊人能力。猫咪的柔软度甚至达到了

“猫液体说”的程度，猫咪能够轻易进入小箱子或鱼缸等狭小空间的秘密，据说在于它们的锁骨。猫咪的锁骨不是与骨头而是与肌肉相连，所以可以灵活地活动。

所以，要永远记住，在家里没有猫咪触碰不到的地方，特别是家中高处的东西可能会掉下来摔碎。即使是我们够不到的地方，对猫咪来说也是小菜一碟。关于猫咪身体的更详细的内容将在后面说明。

捉摸不透的善变“大魔王”

前一分钟它还在愉悦地享受你的抚摸和梳理，后一分钟就转身攻击你，猫咪就是这么变化无常。如果你是猫咪的主人，应该经历过这样的情况，本来与平时一样玩得很好，然后猫咪突然咬你或攻击你，这让你既惊慌又委屈。

但是猫咪的变化无常都是有原因的。特别是1岁以下的小猫，出现这些行为可能是磨牙和玩耍，而不是攻击，所以不要对它太失望。如果是已经熟悉和主人身体接触的猫咪，突然表现出异常的攻击性行为，有可能是因为疾病或受伤而感到疼痛，所以请仔细观察猫咪的行为。猫咪是爱憎分明的动物，所以尽量把突然的行为变化看作是交流，而不是攻击。

刻薄敏感的老板

猫咪是领域性动物，与其他宠物相比，对生活空间的变化更加敏感，它会对主人有时无意中带来的新东西或新家具感到有压力。猫砂盆、饲料、餐具等和猫咪的生活有密切联系的物品最好不要经常更换。如果非要更换猫咪用品，则需要将新用品和旧的用品让猫咪共同使用一段时间，给它们一定时间去适应。特别是忽然更换饲料时，猫咪可能会绝食，或者出现腹泻、呕吐等症状，这一点尤其需要注意。

另外，猫咪中也有对自己的东西表现出独特的热爱之情的猫孩子，这些猫孩子只要更换玩具或毯子就会感到有压力。所以对待敏感的猫咪，在换新用品时要尽量选择相同的产品，在它们完全熟悉之前不要扔掉旧物。

独立的自我风格

虽然每只猫咪都有差异，但是大多数猫咪都有很强的独立性格。在历史上，野猫是不过群居生活、独立捕猎的动物。因此，猫咪与狗相比，几乎没有同伴意识、等级观念和主从概念。猫咪不把主人看作是比自己等级高的存在或应该单方面服从的对象，而看作是一起生活的同伴。当然，猫咪的世界也有等级，但这只是单纯地承认其他猫比自己强而已，而并不认为它们是自己应该跟随的领导者。

因此，猫咪不会依赖或无条件地跟随主人，我们也很难对其进行这方面的训练。请记住，训练猫咪的目的是纠正它们的问题行为，与训练狗完全不同。充分了解猫咪独立自由的天性很重要。

✓ 了解猫咪的身体

下面让我们来了解一下猫咪的身体。从可爱的眼睛、鼻子、嘴到尾巴、腿、脚掌……光想一想心情就会变好吧？

猫咪的眼睛

猫咪有严重的近视，所以很难区分距离6米以上的物体。猫咪也无法分清红色和绿色，是红绿色盲。为了弥补这一点，猫咪被赋予了出色的动态视力和夜间视力。其捕捉移动猎物的动态视力是人的4倍左右，夜间视力是人的6倍左右。

猫咪的耳朵

猫咪的听觉非常厉害。人的可听范围是20 000赫兹，狗是45 000赫兹，而猫的可听范围更加广泛，达到了64 000赫兹。捕捉100米以外的声音是最基本的，猫咪甚至可以通过这些声音判断出猎物的种类和大小。

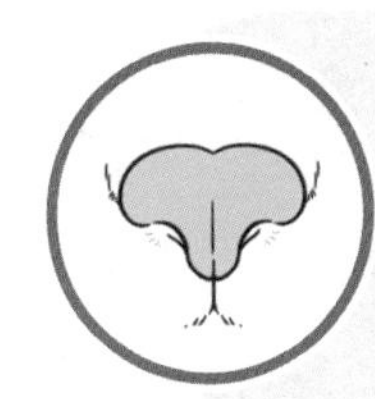

猫咪的鼻子

谈到嗅觉，大家通常先想到狗，但猫咪也很厉害。猫咪的嗅觉比人类灵敏10万倍。即使是微乎其微的气味，猫咪也可以闻到。另外，猫咪还能感知到人类感觉不到的信息素。猫咪还通过鼻子测量温度，它们的鼻子非常敏感，能感觉到约0.5℃的温差。

猫咪的舌头

猫咪的舌头上有尖尖的刺状突起，所以被猫咪舔的时候会有一种刺痛的感觉。这些尖刺可以帮助猫咪轻松地解开缠在一起的毛发，抓住毛发深处的异物和跳蚤等。猫咪舌头所具有的这一特征是所有猫科动物都具有的特征之一。

猫咪的胡须

猫咪的胡须很特别。除了嘴边外，眼睛上方、下巴、前脚后侧等身体各处都有胡须。胡须周围有很多神经，是感觉器官之一，能够感受到非常细微的震动和气流变化，可以探索周围物体的位置、距离、质感、大小等。黑暗里，猫咪还可以用胡须的感觉来判断前方的情况。

猫咪的肚子

猫咪的肚子又软又下垂，这不是因为猫咪长胖了。这个部位叫原始袋，它可以保护腹部的内脏器官，还有助于猫咪的柔韧性和灵活性。

猫咪的皮肤

猫咪通过舔毛可以把全身舔得干干净净，但是尾巴和下巴很难舔到，而且这两个部位皮脂分泌旺盛，所以经常出现毛囊炎。为了预防毛囊炎，可以定期用湿热的毛巾擦拭并梳理。

猫咪的脚掌

根据颜色的不同，猫咪的脚掌会被称为“粉色果冻”“葡萄果冻”“巧克力球”等。猫咪脚掌是汗腺所在的敏感部位，因为柔软且有弹力，从高处跳下时可以起到缓冲的作用，也有助于其隐藏脚步声。

猫咪的爪子

猫咪的爪子很锋利，这使得猫咪可以轻松地爬上爬下，当遇到危险时，爪子就会成为强大的武器。不过，不能因为爪子有用而不修剪，这样反倒会伤到猫咪，所以每2～3周应该给猫咪剪一次指甲。另外，如果猫咪的营养状况不好，爪子就会裂开、松动，所以请经常注意猫咪的爪子哦。

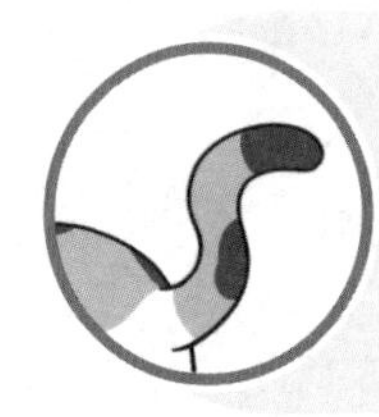

猫咪的尾巴

对猫咪来说，尾巴是不可缺少的重要部位。当猫咪从高处掉下来或者在狭窄的空间行走时，尾巴可以帮助其保持平衡。另外，猫咪还通过尾巴表达各种情绪。如果你想知道猫咪的心情，你可以仔细观察它的尾巴。

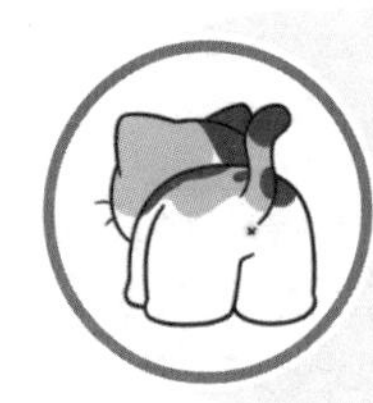

猫咪的肛门

猫咪的肛门里有一个叫肛门囊的器官。肛门囊分泌肛门囊液，排便时自然排出。但有的时候也并非如此，肛门囊液如果不排出就会产生炎症，所以要由主人亲自去挤。如果猫咪用屁股在地板上蹭来蹭去，请检查它的肛门囊。

BEMYPET Tip

尚未被驯化的猫咪

自古以来，猫咪就独立生活，而不是群居生活。狗开始和人一起生活后，就被人驯服，像雪橇犬、畜牧犬、猎犬等，都能够完全帮助人类。相反，猫咪的生活里就只会抓老鼠或其他小动物。和狗不同，猫咪具有不容易被驯服的特性，可以说是还没有被驯化的动物。

作为主人必须要了解的猫咪疾病

猫咪是小毛病特别多的宠物。狗除了先天性疾病，最常遇到的就是与老化相关的疾病，而猫咪从小就很容易患上压力性疾病。

所以在养猫的时候，了解猫咪可能患的疾病及它们生病的迹象真的很重要。猫咪释放的生病信号被当作是问题行为，或者被认为是微不足道的行为而引发严重疾病的例子屡见不鲜。所以平时我们要尤其注意猫咪的行为。这一节我们将具体了解一下猫咪经常患的疾病都有哪些。

✓ 猫咪常患的疾病

膀胱炎

膀胱炎是猫咪很容易患的疾病。如果好好管理，那生活不会有什么大问题，也没有担心的必要。看一看下列膀胱炎的症状，你就知道平时观察猫咪的小便是有多重要了。

膀胱炎症状

- ☐ 小便频率增加
- ☐ 小便带血
- ☐ 在猫砂盆里不出来
- ☐ 到处乱小便
- ☐ 小便浑浊
- ☐ 小便恶臭
- ☐ 频繁舔生殖器官

如果猫咪出现了这些症状，就需要到医院进行检查。诊断是细菌感染导致的细菌性膀胱炎，还是不明原因的特发性膀胱炎，因为不同病因的膀胱炎治疗方法也不一样。特别是猫咪的膀胱炎很多都是特发性的，此时需要按照医嘱给猫咪服用处方食品，尤其要注意猫咪的饮水量和压力的管理。正如前面提到过的，猫咪对气味和味道很挑剔，所以有可能拒绝服用处方食品，这时应该将处方食品与现有食物混合在一起，给它们一个适应期，以熟悉治疗方式。

为了对膀胱炎进行有效的管理，最重要的就是要花心思在不让猫咪感受到有压力这件事上。要让猫砂盆保持干净整洁，给予猫咪充分玩耍的时间，以便于消解压力。

口腔炎

口腔炎症状

- □ 过度流口水
- □ 口臭很严重
- □ 体重减轻
- □ 呼吸困难
- □ 嘴巴一直张开
- □ 不舔毛导致毛发脏乱

口腔炎是猫咪易患的另一种疾病。病因包括牙龈疾病、牙垢堆积、病毒感染和免疫力低下等。特别是牙齿和牙龈之间的牙垢堆积，不仅会诱发口腔炎，还会引发牙龈和牙槽骨周围的炎症。为了预防这种情况的发生，最好每天刷牙，至少每周刷牙2～3次。猫咪的刷牙方法在本书第三章的“不能因为猫咪不喜欢就推迟刷牙”一节中会有详细说明。

口腔炎根据病程阶段的不同，治疗方法也不一样。如果是刚开始有口臭的发病初期，可以通过药物和洗牙进行治疗。但如果炎症和疼痛严重，就有必要将牙齿拔出了。

疱疹病毒感染

疱疹病毒感染的症状和人的感冒相似，所以也被称为“猫感冒”。该病通过与被感染的猫直接接触或通过鼻涕、口水等分泌物传播，有1～5天的潜伏期，传染力很强。一旦患上，就会发展成慢性鼻炎，或每当免疫力下降时，症状就会再次出现，因此，有必要不断地确认猫咪的症状。如果是多猫家庭想领养流浪猫，需要在医院检查后，进行一定时间的隔离，再带回家会更安全。

疱疹病毒感染症状

- □ 流鼻涕
- □ 打喷嚏
- □ 粗重的呼吸声（呼～呼～）
- □ 发热
- □ 出现眼屎、眼泪及眼睛充血
- □ 呕吐及腹泻等消化道症状

如果猫咪有疱疹病毒感染的症状，应该立即到宠物医院接受检查。一般健康的成年猫咪，只会出现流鼻涕、打喷嚏等轻微的症状，但年龄小或免疫力低下的猫咪则会出现无力、食欲不振、严重的结膜炎、咽喉炎等症状，严重的情况下还会引发低血糖、休克、脱水、肺炎等症状。

幸运的是，疱疹病毒感染可以通过注射疫苗来预防。虽然不能百分百预防感染，但只要接种了疫苗，即使被感染，症状也会比较轻微，所以一定要接种。

✓ 接种疫苗可预防的猫咪疾病

有许多不同类型的疫苗可用于预防猫咪的疾病。韩国猫兽医协会将必需疫苗选定为4种综合疫苗和狂犬病疫苗，并建议从出生6周开始以1年为周期进行接种。

猫咪的4种综合疫苗可以预防4种疾病，包括前面提到的疱疹病毒感染，以及杯状病毒、衣原体及细小病毒感染。

杯状病毒感染是类似于疱疹病毒感染的上部呼吸系统疾病，会引发口腔内部的炎症，严重时还会引发肺炎、关节炎等疾病。衣原体感染和疱疹病毒感染的症状相似，会引发结膜炎、流鼻涕、打喷嚏、肺炎等症状。差别在于疱疹病毒感染和杯状病毒感染是病毒性疾病，而衣原体感染是细菌性疾病。细小病毒是引发猫瘟的病毒，猫瘟是传染性很强的病毒性肠炎，致死率非常高，会引起呕吐、腹泻、发热和血便等。

狂犬病是可以传染给人类的人畜共患疾病，不只是狗狗，包括猫咪在内的很多动物都需要接种狂犬疫苗。

除此之外的疫苗，多猫家庭可以根据猫咪的健康状态、兽医咨询的结果选择接种。

猫咪的小便颜色是衡量健康的标准！

猫咪的小便颜色与平时不同，就是健康的异常信号。如果把猫砂换成白色，就能很容易地准确观察到猫咪的小便颜色。不过在此之前首先要了解猫咪平时的小便颜色哦。

主人的这些行为特征会令猫咪讨厌

猫咪的内心变幻莫测，难以捉摸。前一分钟还在向主人示好，后一分钟就会保持距离。但是你知道吗，主人无意中也会有欺负猫的行为哦。

走进猫咪的内心，积累信赖的第一步就是不要做出猫咪不喜欢的行为。要时刻注意，有时主人的爱意表达也会给猫咪带来压力。这一节，我们来了解猫咪所讨厌的五个行为特征。

√ 总抱着猫

猫咪是不喜欢被束缚的动物，所以非常不喜欢别人紧紧抱住自己的身体，不让动弹。因为在紧急情况下猫咪不能逃跑，这种危机意识会让它感到不安。

还记得前面提到的猫咪在压力下出现的行为吗？当抱起它的时候，它快速地甩动尾巴或大声哭叫，就表示它不舒服，请立即放手。如果不是像喂药、刷牙、剪指甲等必须抱着它的情况，最好是让猫咪保持自己舒适的状态。如果继续进行不喜欢的身体接触，猫咪就会对身体接触产生负面的情绪，有可能再也无法接近并会刻意避开主人。

√ 总是想把猫留在身边

猫咪的性格独立，所以需要一定的独处时间。如果总想跟着它或抚摸它的话，猫咪可能会感到有压力。很多主人喜欢在猫咪睡觉时摸它的脚掌和肚子，就像人在睡觉的时候讨厌别人碰自己一样，猫咪也是如此。猫咪一天的大部分时间看起来都在睡觉，但实际上熟睡的时间并不多，所以请照顾好它，让猫咪充分休息。

√ 发出兴奋或响亮的声音

人们有时会因为猫咪可爱的样子而大声地表达自己的喜悦吧？但是猫咪是听力非常好的动物，对很小的声音也会有敏感的反应，所以要小心哦。看电视或打电话时无意中发出的笑声或高喊声都会给猫咪带来恐惧或不安。实际上，有些猫咪听到主人的叫喊声后会躲避一段时间，或者竖起毛、张开嘴巴呼吸，所以要注意哦。

一般来说，相比女性，猫咪对男性更警惕的首要原因就是他们低沉粗犷的声音。所以和猫咪说话的时候，音调要高，声音要温柔。

√ 散发出浓烈的气味

猫咪的嗅觉和听觉一样灵敏，当有不喜欢的气味时就会避开。通常提到猫咪不喜欢的味道，就很容易想到恶臭，然而，大部分人都很喜欢的柑橘类和薄荷类的香气，对猫咪来说却是恶臭。如果和猫咪一起生活，最好不要使用香气过浓的香水和化妆品，也不要使用香薰和空气清新喷雾。特别是烟味和精油都可能会对猫的健康造成致命危险，所以要格外注意哦。

✓ 做陌生的或幅度较大的动作

“每次在家做瑜伽的时候，猫咪都会张大嘴巴呼吸。”“我只是动了动，猫却避开了。”很多人都会来咨询这类问题。对人来说是微不足道的行为，对猫咪来说，它会认为“主人突然做出奇怪的行为，要进入警戒状态！”大部分的情况下，随着时间推移，它都会稳定下来，但如果是敏感的猫咪，就可能连续几天竖起毛。除此之外，主人坐着突然站起来、穿大衣或羽绒服等日常行为也可能导致猫咪出现这样的情况。

如果猫咪的瞳孔放大，警惕地竖起毛或停下观察，请立即停止行动，放低自己的身体，让猫咪安静。重要的是要等到猫咪慢慢熟悉这种情况。

BEMYPET Tip

让愤怒的猫咪平静下来的方法

猫咪表现出攻击性的时候，主人不能表现出慌张的样子，因为那样反而会刺激猫咪，让猫更加激动。要想让猫咪平静下来，就要像平时一样沉着冷静地行动，温柔地对它说话。另外，与其试图去哄猫咪，还不如让它自己冷静下来。

丨专栏丨 和猫咪初次见面就变亲近的方法

从本质上讲，猫是一种警戒心很强的动物，很难初次见面就和主人变得亲近。如果急切地靠近反而会让你们变得疏远，所以要以猫咪的节奏慢慢地靠近。和猫咪的初次见面，要如何做才好呢?

和猫咪初次见面的时候，这样做！

等待猫咪主动靠近

如果不是在熟悉的家中，而是在外面陌生的环境中，猫咪的警戒心会比平时更大。这时如果陌生人忽然靠近，猫咪就会感到威胁。因此，如果是和猫咪初次见面，最好是等它先靠近你。如果猫咪靠了过来，也不要急着伸出手或抚摸它。

提高音调

比起低的声音，猫咪更喜欢高的声音。所以与男性相比，猫咪更喜欢女性的声音。和猫咪说话的时候要提高一下音调，如果可以的话，最好发出沉稳柔和的声音。

放低身体靠近它

站着靠近猫咪，它会感到恐惧和压迫感。因为站在猫咪的立场上，一个陌生的巨大的物体正向自己靠近。特别是在靠近警戒心很强的猫咪时，请尽量放低身体，采用跪、坐、蹲等姿势为好。

运用零食和玩具

所有的猫咪都喜欢吃零食和玩玩具。请放低身体，拿着零食和玩具吸引它的注意。当然，猫咪如果对玩具失去兴趣或吃完零食后，也可能跑掉。即便如此，也不要失望，先别管它，反反复复地做，慢慢就会和猫咪变亲近了。

让猫咪闻一闻你的手

猫咪会互相贴着鼻子嗅对方的气味，判断对方是敌人还是朋友，通过气味可以掌握各种信息。因此，为了让猫咪放下警戒心，最好把手伸出来，让猫咪充分嗅一嗅气味。这时，如果猫的警戒心稍微放松下来，就会竖起尾巴在周围转悠。

轻轻摸一摸它的鼻子

如果猫咪在一定程度上放松了警惕，可以轻轻抚摸它。但如果你把手放在它的头顶，它可能会害怕。所以最好是在猫咪能看到的范围内轻轻抚摸它。在猫咪脸部的正前方，轻轻抚摸它的鼻梁、脸颊和毛发。这时，如果猫咪眯起眼睛的话，就意味着它对你敞开了心扉。

CHECK LIST

和猫咪的初次见面，只需要记住以下几点！

不要做幅度大的动作，不要发出大的声音

不仅仅是发出大的声音，就连挪动物品或伸个懒腰之类的动作，都会吓到猫咪，严重的时候甚至会让猫咪感到恐慌而逃跑。因此，如果和猫咪相处没多久的话，要注意不要做幅度大的动作，也不要发出大的声音。

不要一直盯着猫咪看

大部分猫咪会把四目相对当作敌意或攻击的信号。所以，如果和猫咪还不是很熟悉的话，最好不要直勾勾地盯着它看。积累起足够的信任之后，猫咪和主人对视的时候，会慢慢地闭上眼睛再睁开，进行“眼神问候”。

了解猫咪的心情

和人一样，猫咪也有心情不好的时候，这时无论是谁靠近，猫咪都会很讨厌。靠近猫咪之前，要注意观察猫咪的尾巴、表情等各种各样的身体语言，先了解猫咪此刻的心情。一般猫咪心情不好的时候，会有以下行为，请参考。

- 耳朵平躺在两侧或后方。
- 瞳孔变细。
- 把尾巴藏在身体下面。
- 快速摆动尾巴拍打地面。
- 竖起毛发。

PART 2

哔！猫咪会讨厌主人的这些行为

不能让猫咪独处太久

大家普遍认为，猫咪和狗狗不同，不会害怕孤独，自己独处也会过得很好。但这是个误传，实际上完全不是这样的。猫咪在主人不在的时候也会感受到孤独和抑郁，只是不如狗狗表现得那么明显，所以很难被人们发现。

猫咪独处的时间长了，也会感到极度的不安和紧张，因此可能会出现分离焦虑的症状。请一定要记住，对压力敏感的猫咪来说，这甚至还会危害健康。在这一节，我们将介绍猫咪的孤独信号，了解猫咪分离焦虑的症状、产生原因及应对方法。

✓ 猫咪的孤独信号

当猫咪想引起主人注意的时候，会做出一些行为。虽然每只猫咪都不一样，但如果这些行为严重，可能会引发缺乏关爱或分离焦虑的症状。所以如果猫咪有以下这些行为，应该给予它们更多的关心。

大声而长久地哭叫

猫咪平时很少叫，因为猫咪之间沟通的时候，更多的是使用身体语言而非叫声。如果猫咪经常哭叫或者一直大声叫的话，就意味着要求主人解决其需求和不满。猫咪是心情转换很快的动物，所以即使在要求主人关心的时候，也会马上去做其他的事情。但如果猫咪哭叫的时间太长，就要注意了。

一直跟着主人

如果猫咪因为主人关上卫生间或阳台的门而在门前大声哭叫，或不管主人去哪里都一直跟着，这就说明猫咪只要看不到主人的身影就会感到不安。这时应该对猫咪更加关心，探究出现这种行为的原因。

猫咪认为主人身边是最安全、最放心的空间。如果你是一个外出时间较长的单人家庭的猫主人，那么回家后尽可能多花点时间和猫咪在一起，这一点很重要。

比平日里更频繁地捣乱

猫咪为了引起主人的注意，会故意把东西碰到地上，撕卫生纸，把房间弄得乱七八糟。当猫咪不停哭叫或者在旁边蹭你的身体，要求关心却一直被无视的时候，经常会出现这样的行为。

需要注意的是，这时候训斥猫咪是没有效果的。因为猫咪大概率会认为你是在针对这些问题行为说："玩吧！"管教猫咪的首要任务是预防问题行为，所以重点是要创造一个让猫咪不能捣乱的环境。

妨碍主人的行动

猫咪坐在正在工作的主人的笔记本电脑上，或者从主人握着手机的手之间把脸挤进来等，妨碍主人行动是最容易察觉到的猫咪需要关心的表现。为了吸引专注于其他地方的主人的注意，猫咪进行了各种各样的"妨碍工程"。

这时，与其不耐烦或发脾气，还不如把时间分配给猫咪5分钟左右，或者陪它玩一玩。猫咪只要被稍微抚摸一下就满足了，很快就会开始独处的时光。在家工作结束后，请给等待自己已久的猫咪一些零食，或陪着它玩一玩狩猎游戏来补偿它。

✓ 猫咪分离焦虑的症状有哪些？

实际上，猫咪分离焦虑的症状各不相同。但是要注意的是，如果错过了日常生活中猫咪发出的孤独信号，任由其发展的话，很容易引发猫咪的分离焦虑。下面的表2是猫咪出现分离焦虑时表现出的一些行为。

· **表2** 猫咪分离焦虑的症状

猫咪的行为	行为的含义
频繁哭叫	猫咪如果与平时不同，经常大声哭叫，很有可能是感到不安。特别是主人不在家的时候，如果猫咪在玄关前一直哭叫的话，有可能是出现了分离焦虑。
到处乱小便	猫是非常爱干净的动物，正常情况下是绝对不会到处乱小便的。如果它们在猫砂盆以外的地方小便，就一定要注意了，这很可能是压力过大或疾病的前兆。
过度舔毛	猫咪把醒着时间中的三分之一用在舔毛上。但如果它只舔一个部位或舔到毛变湿，就表示猫咪的压力很大。
突然频繁撒娇	猫咪突然频繁撒娇也是分离焦虑的症状之一。此时不要对猫咪的行为做出太积极的反应，因为那样反而会使猫咪的分离焦虑更加严重。
拒绝进食	猫咪拒绝进食很可能是极度分离焦虑和压力大的体现。如果它们没有健康问题却不吃饲料的话，回想一下是不是你回家的时间晚了呢？
躲在角落里	猫咪有状态不好或生病时躲在角落里的习性，它们内心焦虑时也会如此，这可能会导致疾病，所以要注意检查猫咪的健康状况。

✓ 如何应对猫咪的分离焦虑?

如果判定猫咪有分离焦虑，要解决这个问题就需要付出很多努力。在应对分离焦虑时，主人坚持不懈地进行外出练习尤为重要。

首先，如果猫咪的分离焦虑没有引发疾病的话，可以用行为矫正法缓解，行为矫正法的重点是让猫咪不会因为独处而感到不安。如果症状不严重，通常通过减轻猫咪的压力或通过游戏增加精神刺激就能解决问题了。

好好陪猫咪玩

首先要做的是和猫咪一起度过充足的时间。不要单纯地待在家里，要每天和猫咪玩耍两三次，每次至少5分钟。这时需要利用各种玩具和零食，积极地和猫咪互动。

主人的外出练习

当主人穿好衣服准备离开家时，如果猫咪出现焦虑不安的样子，最好做一下外出练习。外出练习按照以下的步骤进行。

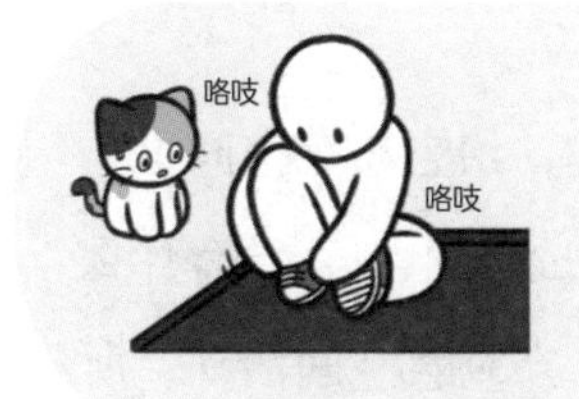

❶ 每天在玄关做穿鞋外出的准备动作2～3次。

❷ 穿完鞋之后，重新回到屋里正常生活。（猫咪会觉得主人穿鞋子表示将要外出，这个行为是为了告诉猫咪，即使外出也什么都不会发生。）

❸ 如果猫咪看到主人穿鞋子也不会焦虑，那就可以试试到玄关外面去。

❹ 大约5分钟后重新回到家中。简单问候一下猫咪，然后和它玩耍。（此时简单问候一下即可。）

注：重复做❶～❹的行为，确认猫咪的分离焦虑是否得到改善。

为猫咪多准备一些用品

为了让猫咪在独处的时候过得有趣，给它布置空间也是个很好的方法。检查一下家里猫咪的物品，看看有没有什么需要添置的。正如前面所说，猫咪喜欢在垂直空间活动，所以设置一个猫爬架会有所帮助。这时，如果将其设置在靠窗的位置，猫咪就可以看着窗外打发时间，它会非常高兴。除此之外，还请根据猫咪的喜好购置猫抓板、毛毯、猫窝等各种用品。

外出之前需要记住

- □ 准备充足的食物和新鲜的水。
- □ 在猫咪休息的地方周围撒上猫薄荷。
- □ 容易打碎的东西一定要收起来。
- □ 播放一些舒缓的音乐，让猫咪安静下来。
- □ 出门时尽量不跟猫咪搭话。
- □ 道别要简短一点。

✓ 猫咪的分离焦虑真的是因为孤独吗？

猫咪即使和主人长时间在一起，也会有分离焦虑，造成分离焦虑的原因有很多。

与猫咪家族的过早分离

小猫在8~9周之前，最好和猫妈妈或猫兄弟姐妹一起生活。因为此时是小猫从各种各样的刺激中进行集中学习的社会化阶段。在这个时期，小猫将学会与其他动物建立关系，学会适应新的环境和状况。但是如果过早地和猫家人分开，它们就不能学会应该学的东西，也就很容易感到紧张和焦虑，很有可能会患上分离焦虑。

先天的性格

先天性格敏感的猫咪更容易产生分离焦虑。因为是先天的原因，所以很难解决，这就更加需要主人的努力。请给猫咪提供能够保护其身心健康的运动环境和各种物品来提高它的满足感。

周围环境的变化

猫咪对周围环境的变化非常敏感，在家里添置新家具也是其产生焦虑和压力的原因之一。这时可以在家具上涂抹猫薄荷，会对它适应新环境有帮助。

疾病的前兆

猫咪在身体状态不好或者生病的时候，也会有分离焦虑的症状。如果很难找到病因，那就有必要仔细确认一下，猫咪平时除分离焦虑外，是否伴随着其他异常的行为，是否有其他的症状。

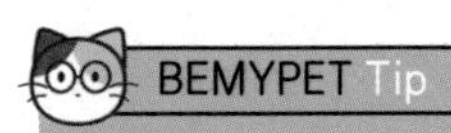

如果分离焦虑严重，可以用药物治疗

大部分的分离焦虑通过行为矫正法可以得到改善。但如果分离焦虑过于严重，就需要经由兽医诊断，采用抗抑郁的药物。用药物治疗时一定要谨遵服用量。有的猫咪比较敏感，用量稍微增加就会出现副作用。

不要随意抱猫咪

猫咪不太喜欢被抱着。虽然每只猫咪都各有不同，但大部分猫咪在主人抱它的时候都会逃走，要么就是在挣扎。

但总有些时候一定要抱住它，即使它不喜欢。譬如将它放入航空箱内，给它剪指甲或喂药的时候，是一定要抱住猫咪的。如果此时用错误的方法抱它，或者强行抱住，可能会让猫咪受伤，成为其心理创伤的根源，这一点需要尤其注意。那么为什么猫咪这么讨厌被抱呢？是讨厌人类的怀抱吗？

√ 猫咪为什么讨厌被抱?

前文已经提到了很多次，猫咪天生具有很强的独立性，所以比起和别人在一起，更喜欢保持一定的距离。例如，狗狗会要求主人抚摸自己，但猫咪通常不会做出这种举动。如果不是猫咪主动，那么被抱在怀里就会感到不舒服且有束缚感。

另外，由于人类身上会散发出化妆品、香水、烟味等强烈的气味，猫咪也会拒绝和人类进行身体接触。要想和猫咪进行身体接触，最好身上不要散发出刺激性的气味。

如果猫咪对被抱有着负面的记忆（通常都是因为用错误的方法抱猫而起），那即使再小心翼翼地去抱它，它也会出现激烈的反抗。特别是猫咪有回避不好经历的习性，想要消除一次刻骨铭心的精神创伤需要很长时间，这个时候就需要花时间练习拥抱。下面让我们一起来了解一下抱猫的错误方法和正确方法。

√ 猫咪讨厌的被抱姿势

强制拥抱

猫咪不喜欢被抱的时候，不要强制抱它。特别是当猫张开嘴，或者耳朵向后翻，身体降低的时候，说明它在自我防御，此时可能会攻击人，非常危险。

向上躺着抱在怀里

让猫咪像孩子一样躺在怀里。这种方法最好是在猫咪对主人信赖度高的时候尝试。猫咪露出肚子就是暴露出它的弱点，所以如果用这种姿势抱住不愿意被抱的猫咪的话，它会更加焦虑想要逃避。

抓住后颈提起来

看到猫妈妈叼着小猫的后颈移动，会有人误以为猫咪被抓住后颈提起来会很舒服。但如果不是体型很小的小猫，这个动作会让猫咪感到不舒服，甚至会疼痛。特别是成年猫，有一定的体重，如果被抓住后颈提起来，身体的负担会加重，可能会受伤，绝对不可以这样做。

抓住前腿提起来

抓住猫咪的前腿、前脚，提起来抱它是非常危险的。因为这会严重伤害到猫咪的脚踝关节。猫咪为了不被拉上去，越坚持，受伤就越严重，所以要小心。

将双手放在腋下，直接抱起

这是很多人最容易犯错的方法。这种方法会对猫咪的前腿和肩关节造成很大的负担，如果抱得不正确，体重会集中在肩关节上，导致受伤，所以要注意。

✓ 猫咪要如何抱？

如果是不习惯被拥抱的猫，首先要给它营造轻松安定的氛围。所以最好是在猫咪舒服地休息时，或者在给猫咪零食之后，在它心情良好的情况下尝试。

第一步：把手伸进猫咪的腋下

当猫咪舒服地休息的时候，在旁边慢慢地把手伸进它的腋下。这时，如果猫咪躲避或表现出不喜欢的样子，请暂时远离它，等待猫咪熟悉拥抱的时候再进行。

第二步：支撑住后腿和臀部

如果猫咪熟悉了第一步，就可以把手放在猫咪的腋下轻轻将它举起来，前脚抬起来的时候，用另一只手迅速地支撑它的后腿和臀部，把猫咪轻松地支撑住。所有动作都要柔和地进行，这一点很重要哦。

第三步：将前脚放在你的手臂或肩膀上

为了让猫咪感觉舒适，这时你需要调整拥抱的姿势。每只猫咪喜欢的姿势都不一样，所以可以在基本姿势上一点点调整。一般会把猫咪的前脚搭在主人的肩膀上，用手支撑住它的臀部和后腿，这样的姿势比较稳定。如果用力太大，猫可能会觉得闷，这一点请注意。

BEMYPET Tip

抱猫咪需要主人的耐心

抱猫咪的时候，需要等待猫咪熟悉整个过程的各个阶段。如果猫咪发出以下的信号，就表示它不舒服，请立即停止练习。

- 在地板上用力摔打尾巴。
- 发出“呜~”的低沉声音，或者龇牙咧嘴。
- 将耳朵向两侧倾斜成“V”字形。

管教猫咪的时候千万不要打它

和猫咪一起生活，有时候不可避免要管教它。猫咪有时会到处乱咬，有时会极度淘气，有时还会用爪子撕下壁纸，给家具留下抓痕。

可无论你多么生气，也不能动手打它或朝它大声吼叫。因为这样不仅不会让猫咪反省自己的错误，反而会让它表现出攻击性或者产生精神创伤，从而拒绝和主人进行身体接触。

如何正确管教猫咪呢？首先让我们看一下管教猫咪时必须要注意的事项吧。

✓ 管教猫咪前先要了解的事项

猫咪的问题行为都有缘由

猫咪的行为总是有缘由的。例如，抓挠具有缓解压力、满足本能的作用。所以猫抓板是猫的必需品，如果没有猫抓板，猫咪就会抓壁纸和家具。如果这时候猫咪因为撕掉壁纸而挨骂的话，它们就会感受到有压力，而不会去理解主人生气的理由并反省自己。猫咪只是根据自己的本能行动而已。

管教猫咪的出发点是预防问题行为的发生

猫属于独立生存的动物，喜欢单独行动，所以不像狗一样重视主人的认可。因此，像管教狗一样，在做错事时训斥它们，在纠正行为后表扬它们，对猫来说是行不通的。如果猫咪被训斥，反而会让你们之间积累的信任和亲密付诸东流。

因此，针对猫咪出于本能的问题行为，比起管教，更应该把重点放在预防问题行为的发生上。创造一个猫咪从一开始就不被训斥的环境，让我们来看一下下面的清单吧。

给猫咪创造一个不被训斥的环境

- □ 不在架子或桌子上放易碎的东西。
- □ 在可能倒塌的家电产品上安装固定装置。
- □ 用收纳箱遮住电源插座，不让猫咪看到。
- □ 吃完东西后马上收拾，不让猫咪吃到。
- □ 食物垃圾等有气味的垃圾不要让猫咪碰到。
- □ 用有盖子的垃圾桶，在上面放上重物，使其不容易打开。
- □ 在花盆或火炉周围围上防护网，不让猫咪碰到。
- □ 如果有不能让猫咪进的房间，请把门关好。

但无论如何去预防问题行为的发生，也会有不得不要管教猫咪的时候。此时重要的是，用什么样的方法管教它，才不会让你们之间的信任崩塌。下面让我们来看看管教猫咪的正确方法。

√ 正确管教猫咪的方法

定好管教用语

在管教猫咪的时候，主人要考虑的问题是怎样做才能让猫咪很好地理解。猫咪可以凭借语调和感情色彩来理解人的话，但是复杂的长句就听不懂了。所以最好定好管教用语，每次都说同一个词，例如“不行！”然后反复使用“不行”，让它知道这个词就是禁止的意思。

不要叫着猫咪的名字训斥它

管教的时候要特别注意，不要叫着猫咪的名字训斥它。因为一边说着名字一边训斥的话，猫咪可能会对自己的名字产生负面的联想。如果反复出现这种情况，猫咪可能会误以为叫自己名字就是在训斥它。如果每次叫猫咪的名字都被它无视，那你要反思一下，是不是曾经叫着它的名字训斥过它。

不要大声训斥猫咪

猫咪的听觉非常灵敏，即使是很小的声音也可能让它吓一跳。如果在训斥猫的时候大声喊叫，那对猫咪来说就不是管教，而是恐吓和威胁，这可能会对猫咪与主人的信任关系产生负面影响，所以要特别注意。请记住，管教的目的不是让猫咪害怕，而是防止问题行为的发生。

在猫咪出现问题行为时保持一定的语调

猫咪不会把人类的话当成一个个词语，而是识别为声音，它们能够感受到柔和语调和严格语调的差异。在训斥的时候，要坚定而短促地说“不行”“停下”，保持坚决而严格的语调很重要。

对问题行为要表现出前后一致的反应

管教猫咪是为了不让猫咪反复出现同样的行为。要想达成这个目的，那么在猫咪有问题行为的时候，要表现出前后一致的反应，这是非常重要的。如果在同样的情况下，有时训斥它，有时不理它，猫咪可能就会对问题行为感到困惑。管教方法需要有一致性，管教场景也需要有一致性。

一定要在事发当时管教

如果外出回到家时，发现家里被猫咪弄得乱七八糟怎么办？正确做法是“先忍一忍”。不在事发当时管教，猫咪就不知道自己为什么会被骂。如果猫咪不知道自己因为什么行为被训斥，不仅会感到困惑，还会感受到有压力。请在猫咪出现问题行为之后马上管教，如果错过了时机，那就暂且让它过去吧。

绝对不要体罚猫咪

即使猫咪再不听话，也不能体罚它。猫咪的身体比人弱，所以即便是轻轻拍打它的鼻子或轻轻敲打头部等行为，也会让猫咪很痛苦。这样不仅不能纠正猫咪的问题行为，反而会让猫咪害怕主人或产生精神创伤。请记住，体罚会给猫咪的身体和心灵造成很大的伤害。

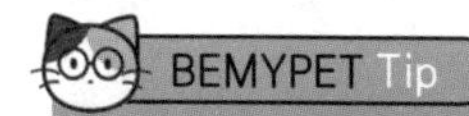

管教猫咪的方法——拍手

如果猫咪在正确的管教方式下，还继续做出问题行为的话，请拍手。听到拍手声后，猫咪会吓一跳，这可以阻止问题行为的继续进行。这时，为了不让猫咪受到过度的惊吓，可以保持一定距离拍手。最好让它们认识到，做这种行为就会有坏事发生。但这种方法是利用猫咪不喜欢声音大的特性，所以最好在管教困难的情况下使用。

不能带猫咪外出散步

随着把猫咪当作宠物的人越来越多，展现宠物生活的视频博客和社交媒体频道也越来越多。其中有带猫咪去散步的，或干脆把猫咪当作在家内外走动的“散步猫”“外出猫”“庭院猫”来养的。特别是还有给猫咪戴上牵引绳，和猫咪一起旅行的社交媒体频道，也是大受欢迎。很多主人都梦想着和猫咪一起外出旅行，但是和狗狗不同，对于猫咪来说，外出是非常危险的行为。

✓ 猫咪外出危险的原因

很容易发生意外与疾病

猫咪从走出家门的那一刻开始，暴露在各种事故和危险中的概率就会提高。对于那些自由进出家门的“外出猫”“庭院猫”来说，它们独自在外面时遇到的情况和行为，主人完全无法控制，所以非常危险。猫咪因为初次听到各种各样的声音，很容易感到焦虑和恐惧。

除了交通事故等物理危险外，猫咪感染传染病和害虫的风险也很高，这可能会缩短它们的寿命。大家可以参考一下，家猫的平均寿命是15～20年，外出猫是12年，流浪猫约6年，所以建议大家最好不要让猫咪外出。

讨厌猫咪的人们

虽然在主人眼中猫咪超级可爱，可并不是世界上所有的人都喜欢猫咪。有害怕猫咪的人，有讨厌猫咪的人，甚至还有伤害流浪猫的人。被人养过的猫，即使遇到危险的人也不会产生警惕，所以尤其要小心。没有主人陪同，独自外出的“庭院猫”和“外出猫”可能会有危险，尤其需要注意。

猫咪本能带来的压力

猫咪会本能地把周围空间视为自己的领域，如果带着猫咪出去散步的话，它的领域就会扩大到屋外。随着领域的扩大，猫咪对入侵者的警戒心和压力也会增大，因此稍有不慎，猫咪就无法在家中感觉到安全，从而引起焦虑。

牵引绳无法完全控制

有人说，只要给猫咪做好牵引绳的训练，猫也可以出去散步。但也有一种说法叫做“猫液体说”，猫咪的身体非常柔软，所以很容易从结实的牵引绳中挣脱出来。虽然有猫咪专用的牵引绳和背带，但也不能说一定是安全的。

另外，即使是经受过牵引绳训练的猫咪，也会被突然出现的鸟、其他动物及喇叭声等吓到，挣脱牵引绳后逃跑。因为猫咪本能地会在害怕或受到惊吓时逃跑，而不是去对抗。受到惊吓的猫咪，即便听见主人呼唤，也会躲着不出来。到了那时，找不到猫咪的概率很大。

✓ 散步中逃跑的猫咪能找到家吗？

如果猫咪在散步时逃跑了，它能自己回家吗？关于这个问题，有一个有趣的实验，是弗朗西斯·赫里克教授1922年在《科学》杂志上发表的题为《猫的归巢能力》的论文。研究组用汽车把母猫和小猫送到离家很远的地方，猫咪们八次中有七次找到了家。猫咪在离家1.6～4.8千米的地方均找回了家，最后一次没能回家的实验地点距离它们的家26.5千米。

后来，在1954年，德国也做了一个类似的实验。实验者们设置了迷宫，还设置了很多出口，然后把猫放进去。这时，猫咪们从离自己家最近的出口出来了，年纪大的猫很快就从迷宫里出来了。

当得知猫咪在1.6～4.8千米的距离可以找到家，所以你会自然地认为散步途中迷路的猫应该也能顺利回家吧？但事实上并非我们所想象的那样。理由主要有以下几点：

猫咪的奔跑速度

如果以家猫为标准，它们拼尽全力奔跑，最高时速可达48千米。即使只跑5分钟，也会离家4千米远。如果是在散步，那距离半径就会更大。

猫咪的回避本性

猫咪一旦极度害怕，就会隐藏到更隐蔽的地方。在散步途中逃跑的家猫会比在外面生活脱离领域的流浪猫感到更多的恐惧，所以很有可能会躲起来。猫咪害怕地躲起来后，即使看到主人也不会轻易露面。

猫咪的头号死亡原因——交通事故

猫咪还有遭遇交通事故的风险。根据2019年韩国国土交通部的调查，包括流浪猫在内，仅首尔每年就有约5 000只猫咪因交通事故死亡。

✓ 带猫咪出门，需要站在猫咪的立场思考

对于猫咪来说，即使是短暂的外出散步，也是非常危险的事情。猫咪一直待在家里，有些主人可能会担心猫咪会烦闷。但事实是猫咪不需要散步，它真正想要的是前面说过的垂直空间的活动。比起在广阔的水平空间里移动，猫咪更喜欢在垂直空间里跳上跳下。如果有一天猫咪看起来有气无力的话，请给它配备猫爬架、猫爬梯等设备。

对于主人来说，和猫咪在一起的时间是用什么都换不来的珍贵时光。主人想让猫咪看到美丽世界的心情是可以理解

的，但是得好好想想猫咪真正想要的是什么。

从本质上讲，猫咪想要守住自己的领域、躲避危险的本能很强。在陌生的环境中，猫咪会变得极度敏感，甚至会因为压力大而患上疾病。喜欢的玩具被丢掉、搬家等大大小小的环境变化会引起猫咪食欲不振、抑郁症等症状，所以对于很少面对陌生环境的家猫来说，散步的时候会有很大的压力。所以猫咪会愿意去散步吗？会愿意承受意外的压力和焦虑吗？这会不会是主人自己的意愿呢？

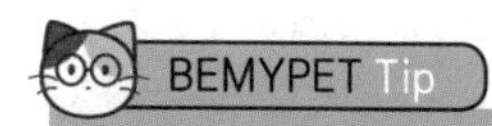

猫咪看窗外的原因

社交媒体上最常见的猫咪照片，大概就是猫咪望着窗外的背影。这是猫咪最常见的行为。主人们看到猫咪的这种行为就会想："是家里太闷吗？""是猫咪想散步了吗？"事实上，你可以把这种行为想象成人类在看电视，猫咪只是用眼睛跟着窗外移动的东西，感受观看的乐趣而已，并不是需要散步。

猫咪的餐具不能随便乱用

猫咪的餐具是负责让猫咪吃好的重要物品。餐具的材料和设计各种各样，你一定很苦恼该买哪一种，这时要记住一件事，那就是要根据猫的习性去选择餐具。如果使用不合适的餐具，猫咪可能会拒绝吃饲料；另外，还会对能够左右猫咪健康的饮水量产生影响，这有可能成为猫咪喝水少的原因。

✓ 选择猫咪饭碗的时候要记住

餐具的材料

猫的餐具有塑料、不锈钢、陶瓷和玻璃等材质。其中，塑料餐具价格低廉，种类多样，但耐用性差，容易出现裂缝，裂缝之间容易滋生细菌。另外，塑料中的化学物质可能诱发猫咪过敏。

不锈钢餐具既结实又方便清洗，但因为有特殊的金属味道，很多猫咪都不喜欢。陶瓷和玻璃餐具有重量感，很稳定，可以进行热消毒，很容易清洗，但有可能会破碎，所以要根据家里的情况和猫咪的喜好来选择。

餐具的大小和高度

猫咪餐具的直径为12～15厘米、深度为3～5厘米比较合适。如果太小，胡须会经常碰到碗，猫咪可能会感到有压力。餐具的高度也很重要，一般建议7～10厘米，和猫咪膝盖的高度持平为好。因为猫咪的身高、腿长和吃饭的风格有所不同，适合餐具的高度也会有2～3厘米的差异。如果不确定具体高度，推荐购买可调节高度的餐具。

餐具的形态

猫咪餐具的形态多种多样。根据餐具的数量和功能，有单碗、双碗、三碗、慢食碗、自动喂食器等。一般来说，家里只养一只猫，是“独生猫”的话，大部分都使用单碗餐具；但如果主人离开家的时间较长，可以使用双碗餐具，确保猫咪有充足的食物。

但是，即便使用双碗或三碗餐具，饭碗和水碗也要分开。如果水和食物放在一起，猫咪可能会觉得水不新鲜。饲料也可能会污染水。如果猫咪吃饲料吃得太快，经常呕吐的话，请使用慢食碗。如果外出时间长，需要调整猫咪的饲料量的话，推荐使用自动喂食器。

√ 猫咪的健康秘诀都在水碗中

玻璃材料为好

保持猫咪健康最简单的方法就是让它们好好喝水。猫咪有不爱喝水的习性，所以营造一个能让它们平时多喝水的环境就非常重要。透明的玻璃器皿是一个不错的选择，因为它可以让猫咪从远处透过器皿清楚看到水的存在，更容易引起猫咪的注意。另外还可以购买普通玻璃器皿和支架，自己亲自制作猫碗。

碗口要宽敞一点

猫咪的水碗最好碗口要宽敞一些。如果太窄，猫咪每次喝水的时候，胡须就会碰到碗上或者被水浸湿，这样猫咪可能会不开心，更详细地说，我们称它为“胡须压力”。对于猫咪来说，胡须是收集周围的运动和气压变化等多样信息的敏感的感官部位，如果持续受到刺激，猫咪可能会出现异常的行为。譬如猫咪用前爪蘸水喝，在餐具前坐立不安，肚子饿也不吃饭等。如果猫咪没有健康方面的问题却经常出现这些行为的话，请更换餐具。

水碗不需要像饭碗那样高，但如果太低的话，喝水也会不方便，可能被呛到。试试不同高度的水碗，看看猫咪的喜好。

准备多个水碗

猫咪喜欢喝新鲜的水，不喜欢喝放置时间过长的水。另外，猫咪在喝水的时候，饲料的碎屑和毛发都可能掉到水碗里使得水被污染，所以最好是准备多个水碗分别放在多个地方，并经常换水。水碗最好要放在离饭碗、猫砂盆远的地方。

可以用净水器代替水碗

有些猫咪更喜欢喝流动的水，所以市场上有各种净水器产品。它们的优点是，在循环水的过程中，可以过滤一定量的异物一直供应干净的水。但是净水器如果不经常清洗的话很容易滋生细菌，也有猫咪会因为净水器发出的噪声而感到有压力，所以根据具体情况使用比较好。即使安装了净水器也要同时放置水碗，以防出现停电等突发状况。

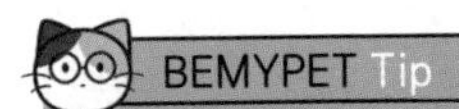

检查猫咪一天饮水量的方法

以只吃干饲料的猫咪为标准，每日适宜饮水量为每千克体重40～50毫升。考虑到猫咪的平均体重为4～5千克，建议每天至少喝250毫升的水。检查猫咪饮水量的方法很简单，装水的时候可以尝试用纸杯（180毫升），只要估算水碗里装了几杯水，就能知道其饮水量了。

|专栏| 猫咪怎样认出主人？

由于猫的性格独立，很难进行训练，也不容易跟随人类。因此在过去，猫被认为是记忆力不好的动物。但实际上猫的记忆力非常好，也当然能认出自己的主人，这也是为什么它们只对自己喜欢的主人发出咕噜声和只让主人为自己梳毛。猫咪是如何认出主人的呢？

猫咪辨认主人的方法

噪音和脚步声

猫可以将一个音细分成10个音，可以感知声音的细微差异，还可以听到100米以外的声音，所以它们可以通过噪音和脚步声来辨认主人。大家都有过自己回来时猫咪在门口等着的经历吧？

气味

猫咪的嗅觉比人类灵敏10万倍以上。所以猫咪可以利用嗅觉来感知环境，并在无数的气味中区分出主人的气味。

脸

猫咪用声音和气味区分陌生人和主人之后，最后一步要确认脸。猫咪的夜间视力和动态视力虽然比人类好，但近视非常严重，只能识别6米以内的物体，因此无法区分准确长相。但是它们会以整体的形态特征来辨认主人。

也有辨认不出的时候！

猫咪也有认不出主人的时候。让我们来看看在什么样的情况下，猫咪会认不出主人呢？

嗓音的变化

因为猫咪会记得主人声音的音色、音调等，所以如果主人的嗓子哑了，或者用与平时不同的音调说话，总之如果声音发生变化的话，猫咪就有可能认不出主人。

嘈杂的脚步声

如果主人匆忙跑进家里或大声地走路，发出与平时不同的脚步声，猫咪有可能认不出主人。如果主人用这样的脚步声进屋，猫咪可能会显得很紧张。

奇怪而陌生的气味

如果忽然从主人身上闻到陌生的气味，猫咪会很警惕。特别是当主人摸了其他猫回来之后，猫咪会尤其提高警惕。

改变的外貌

主人突然改变发型或戴面具使得外貌发生变化时，猫咪也可能认不出主人。所以我们经常会听到主人改变发型而导致猫咪认不出主人的故事。

猫咪会忘记主人吗?

虽然有传闻说猫和主人分开2～3年就会忘记主人，但对此并没有准确的研究。实际上，有的猫咪即使和主人分开10年后，还是会记得主人。如果主人因为工作、留学等各种原因，与猫咪长期分开，那么比起忘掉主人，猫咪更会对主人感到陌生。此时，与其因为遗憾而急忙靠近它，还不如从容地慢慢靠近，利用猫咪喜欢的玩具和零食，创造重新亲近的机会。

PART 3

哔！这样会让猫咪变得抑郁

让猫咪们合住需要慎重

让猫咪们合住是很多主人苦恼的问题。和人一样，猫咪的性格也多种多样，有的猫咪很快就能适应合住，但大部分猫咪面对合住会有很大的压力。因为从野生时期开始，猫咪就一直过着独居生活，它们的警戒心很强。实际上，猫咪在幼崽出生约2个月后就开始让其独立生活，经过3～6个月的时间使其完全独立。所以就算成功合住，也要给每只猫咪一个独立的空间。

✓ 为什么猫咪们合住很困难?

对于猫咪来说，新来的动物既是侵犯自己领域的入侵者，也是可能抢走自己主人的掠夺者。另外，如果主人只关心新宠物，猫咪也可能会产生嫉妒，这会导致它们对新宠物的警戒心和敌对心进一步强化，关系也会越来越恶劣。那么，我们应该怎么做才能把猫咪们合住的压力降到最低呢?

✓ 减少猫咪合住压力的方法

第一阶段：遮掩面部，只共享气味

带新的宠物回家时，一定要和现有的猫咪分开，不要让它们看到彼此的样子。与此同时，主人为了降低猫咪的警戒心，要像平时一样活动。然后让它们交替使用沾有彼此气味的毛毯或玩具，先熟悉彼此的气味。

第二阶段：隔着安全门打招呼

如果猫咪适应了彼此的气味，可以稍微开一点安全门（防猫门），让它们看到彼此的样子。打招呼的时间要短一点，时间慢慢增加比较好。这时主人应该站在元老猫咪所在房间的一侧，集中观察猫咪的反应。如果猫咪龇牙咧嘴，或者表现出攻击性，就回到第一阶段，将这两只猫咪分开。

第三阶段：隔着安全门吃饭

宠物合住最重要的就是要留给彼此良好的印象，看到彼此的样子，吃着零食，会在某种程度上降低它们的警惕心。如果猫咪已经习惯了通过安全门看到彼此，那可以把零食或饲料放到安全门附近。此时，不管是零食还是正餐，都要先给元老猫咪，这一点要注意。

第四阶段：打开安全门

如果第三阶段一切顺利，那么可以打开安全门了。此时，比起一下子打开安全门，不如一点点打开，慢慢地观察猫咪的动态。如果猫咪们产生了好奇心，彼此走近，那主人应该顺其自然，和它们保持一定的距离。此时需要观察猫咪是否出现龇牙咧嘴、耳朵向后、身体直立等攻击性的行为。

第五阶段：用全部身心去适应

虽然它们成功地会面，但还没有结束，它们还将面对一起生活、彼此适应的阶段。这时最重要的是保护它们各自的领域。猫砂盆、餐具、水碗等都要分开使用。特别是猫砂盆的数量要比猫咪的数量多一个（如果有2只猫，那么猫砂盆就要有3个）。最好给它们准备猫窝、猫爬架等能够各自藏身的空间。

随着时间的推移，如果猫咪完全适应了彼此，你就会看到它们在一张床上把屁股贴在一起睡觉的样子。

✓ 猫咪合住时需要注意的事项

我们在让猫咪合住时，最重要的就是要按照不同的阶段认真地进行准备，还要留有可以调整的空间。初期要让猫咪们彼此隔离开，所以一定要准备好隔离的空间。合住的时候，由于我们无法预测会出现什么样的突发情况，所以如果可能的话，在家时最好增加和猫咪们在一起的时间，最大限度地减少它们单独在一起的时间。

想让猫咪合住成功，很考验主人的耐心。所以要仔细观察猫咪们的状态，让它们慢慢合住。

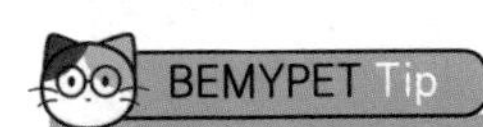

先要考虑元老猫咪

合住的成功与否取决于元老猫咪能接受合住的程度。因此，在领养第二只猫咪之前，首先应该考虑元老猫咪的性格。如果元老猫咪平时性格敏感，只要环境稍微改变就会感到有压力，或者对外部的刺激会非常兴奋，那么就应该更加慎重。两只猫咪合住时，千万不能对猫咪有“它比你小，你要让着它”这种想法。试想一下，我们的父母把这种思想强加给家里的老大，老大也会受到伤害啊。一不留意，我们的元老猫咪就会严重嫉妒，进而导致拒绝合住的时间延长。另外，猫咪合住时，它们之间可能会发生争斗，但只要不是严重的互相攻击，没有严重到受伤的程度，那最好不要主动介入哦。

猫咪也会有倦怠感

猫咪的好奇心强、爱玩、智商高，所以它们的生活需要一定的刺激。虽然它们讨厌环境的变化，但是如果周围的环境过于单调，也会给猫咪带来倦怠感。

如果猫咪感到倦怠，就会对自己喜欢的玩具和狩猎游戏不感兴趣，出现到处乱尿、攻击性和暴饮暴食等问题行为。如果倦怠是因为饲料的话，那么猫咪对食物也会感到厌倦，剩饭的次数也会增多。如果倦怠期过长，有可能发展为抑郁症，所以一定要注意哦。

✓ 猫咪也会倦怠

猫咪在小的时候会不停地跑来跑去，对一点小动静也感到兴奋，但在1岁之后，活动量就会减少，表现出沉着的样子。这是猫咪成长过程中出现的自然现象，所以不用太担心。

但是如果猫咪不仅活动量减少，而且不如平时有活力，主人如何叫它都没有任何反应的话，那就可能有问题了。如果健康方面没有问题，那可能是倦怠期到来的信号。但为什么猫咪会感到厌倦呢？让我们来了解一下不同的原因及应对方法。

✓ 猫咪倦怠的原因和应对方法

猫咪对玩具感到厌倦的时候

一想到猫咪高兴的样子，哪怕钱包扁了也要给它买玩具！但有时猫咪看到玩具一点反应都没有，要么就是没过几天就对玩具失去了兴趣。

猫咪对喜欢的玩具不感兴趣，或对新的玩具很快厌烦的原因，可能是这个玩具和现有的游戏模式相似。特别是自动玩具，由于它不会根据猫咪的反应移动，所以猫咪很容易玩腻。在这种情况下，有必要给猫咪购买有新动作或有声音的玩具，或者是可以由主人有意识地改变动作的玩具。

还有一种可能是你买的玩具不是猫咪喜欢的。猫咪的喜好要用各种玩具亲自测试后才能知道。另外，据说猫咪喜欢激光玩具，但不能因为喜欢，就随便乱用。激光玩具对猫咪的眼睛不好，还会给猫咪带来挫折感。因为不能直接抓住激光，所以猫咪可能会觉得它没能成功。确实需要玩激光玩具的时候，请注意安全，激光游戏后可以给猫咪零食作为奖励。

激发猫咪玩玩具兴趣的方法

如果平常陪猫咪玩玩具的时候只是局限在地面上移动，可以试试运用墙面或家具上方空间等周围环境要素，还可以使用被子、纸和发出“沙沙”声的塑料等物品，很容易刺激猫咪的狩猎本能。把玩具藏在被子下面或箱子里发出声音会更有效哦。

在发出声音的时候，比起控制声音的规律性，调节声音的强弱才是重点。先“啪！啪！”慢慢地敲打，然后再“啪啪啪！”快节奏地敲打，让声音和动作的强弱随着猫咪的动作而改变。如果猫咪的瞳孔放大，变成圆圆的，则表示对它感兴趣；左右摇摆臀部是猫咪向前冲的信号，所以要好好捕捉信号。

用日常用品也可以轻松地和猫咪一起玩。不妨试试用瓶盖、塑料袋、报纸之类的东西。可以朝猫咪滚瓶盖，这样猫咪可以直接用脚踢着玩，会很开心。用报纸或塑料袋发出“沙沙”的声音可以吸引猫咪的好奇心，也可以把猫咪藏在塑料袋里。但这时塑料袋的提手可能会勒住猫咪的脖子，所以要剪断。

猫咪对饮食感到厌倦的时候

和其他感觉相比，猫咪的味觉比较迟钝，但因为嗅觉发达，它们会用气味来区分变质的食物。因此，如果猫咪对平时吃的食物不满意，那我们就应该去刺激它的嗅觉。如果猫咪没有健康问题的话，它厌食的原因主要是以下三点。

· 饲料氧化，香味减少了。

· 总是同样的气味，厌倦了。

· 饲料发潮了。

如果猫咪对吃的东西不满意，首先要检查饲料的保存方法是否正确。饲料和空气接触后会氧化，香味会减少。所以要最大限度地减少饲料与空气的接触，将饲料保存在没有光线直射的凉爽干燥的地方。

如果因处方食品、体重调节、饮食习惯、过敏等原因难以更换饲料，可以使用多种配料。比如在饲料上撒上冻干或香气强烈的木鱼花等零食，能提高猫咪的食欲。但是如果猫咪因为疾病正在调节饮食的话，一定要在咨询兽医之后再喂食。

猫咪对生活感到厌倦的时候

玩狩猎游戏、换玩具、换饲料、加配料……即便如此，猫咪的活动量还是肉眼可见地减少的话，这可能意味着它对周围的生活感到厌倦了。猫咪对生活感到厌倦的原因主要是以下两点。

· 家里没有猫咪可以玩耍的垂直空间。

· 猫爬架的位置可能不正确。

猫喜欢从高处观察周围的环境。如果家里没有垂直空间，猫咪就会感到厌倦。可以使用猫爬架、猫爬梯、吊床等猫用家具来缓解猫咪的厌倦感。另外，如果是第一次安装猫用家具，猫咪需要时间适应。不要强行把猫咪放在猫爬架上，可以在周围撒上猫薄荷粉或在周围给猫咪零食等，让它自然而然地适应家具的存在。

如果安装了猫爬架，但猫咪不怎么使用的话，不妨试试变换一下位置。正如前面所说，有阳光照射的窗边位置是最理想的。猫咪非常享受晒日光浴，而且很喜欢在窗边看风景。

✓ 也许不是倦怠，是生病了

猫咪有气无力也可能是生病了。如何区分倦怠和生病呢？

猫咪即使身体不舒服，也不会表现出来，单纯只靠猫咪的行为来判断是否生病或受伤是很困难的。因此，需要仔细观察猫咪的食量、排便情况、是否呕吐、抚摸它的时候是否疼痛等。如果给猫咪最喜欢的零食它也没有什么反应的话，最好尽快去医院。重要的是，我们平时要好好观察猫咪的生活习惯，只要有一点变化，就需要引起注意了。

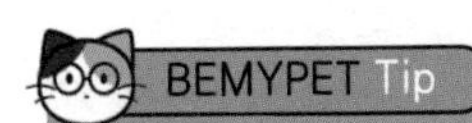

主人对待猫咪倦怠的态度

如果猫咪的倦怠期一直持续，那它的压力会变大，身体状态会不好，严重的话还会得抑郁症。这时，如果因为想给猫咪带来一些变化，而突然改变周边环境的话，反而会给猫咪带来更大的压力。所以，最好是在维持现有环境的同时，给猫咪一些日常的刺激。

不能任由猫咪肥胖

猫咪有个爱称，叫做“肥猫”，胖胖的猫咪散发出那可爱和呆萌的气质真是“致命”，也正因如此，人们很容易放任猫咪胖下去。但猫咪如果过于肥胖，就容易引发糖尿病、心脏病、脂肪肝、关节炎、下泌尿道疾病等。

根据美国预防宠物肥胖协会（Association for Pet Obesity Prevention）的数据，美国的猫咪大约有60%都是超重的，肥胖率很高。肥胖猫咪的寿命为5～10年，而体重正常猫咪的寿命为15～20年，相比之下肥胖猫咪的寿命显著缩短，所以要尤为注意。

✓ 我家的猫咪肥胖吗？

猫咪的肥胖程度很难单凭体重来判定，因猫咪的体格、骨骼、品种特征、年龄、健康状况等各不相同。一般测量猫咪肥胖程度的方法，是使用身体状况评分（Body Condition Score，以下简称BCS）。世界小动物兽医协会（World Small Animal Veterinary Association）提出的BCS是一种用肉眼和触觉来测量猫肥胖程度的方法。

✓ 猫咪的理想身材

根据BCS的评分标准（参考表3），猫咪最理想的身材是5分，与我们一般认为的匀称身材相比会偏瘦一点。特别是家养的猫咪，因为运动量不足，大部分是5分以上。猫咪的BCS如果到了9分，那就是严重的肥胖，需要去看兽医，并制订减肥计划。但更重要的是要预防肥胖。让我们来看下猫咪肥胖的原因，以及需要注意的事项！

· **表3** 猫咪的BCS测量表

分数	猫咪体型	猫咪状态
1分		· 用肉眼可以非常清楚地看清肋骨、脊骨、臀骨的突起，几乎没有脂肪。 · 肚子上没有肉，很瘦。
3分		· 脂肪含量很低，肋骨、脊骨清晰可见，很容易摸到骨头。 · 腰部线条明显，有非常少量的腹部脂肪。
5分		· 虽然肉眼看不清骨头，但是可以摸到脊骨和肋骨。 · 肚子上有适量的脂肪，有明显的腰部曲线。
7分		· 身体被厚厚的脂肪覆盖，几乎看不到骨头，也很难摸到肋骨。 · 每次移动的时候都能看到脂肪在晃动下垂。
9分		· 因为有厚厚的脂肪层覆盖，摸不到脊骨和肋骨，用肉眼无法确认。 · 由于脂肪的影响，腰部线条凸出。

✓ 猫咪肥胖的原因

运动量不足

家猫肥胖的最大原因就是运动量不足。和野猫不同，家猫活动少，很难达到建议的运动量。如果主人不花时间与猫咪玩狩猎游戏，那它的运动量就会更少。运动不仅有助于预防肥胖，也是消解压力的手段，适当的运动会给猫咪的生活带来活力。如果猫咪自己不愿意动弹，那主人就应该充分利用游戏、玩具，或猫爬架、猫咪跑步机等器具，诱导它充分活动。

暴饮暴食

新手主人最容易失误的一件事，就是不知道猫咪一天需要的“适当热量”是多少。一日的食量不仅要算上饲料，还要算上零食。同时，还应该根据猫咪的年龄、运动量、体重等，来确定一天适当的食物供给量。

另外，如果选择了随时都可以填满饲料，让猫咪自由进食的自主供餐方式，那猫咪很有可能会肥胖。如果是贪吃的猫咪，请提前规定好每天的进餐时间和次数吧。如果主人需要长时间外出，最好使用自动喂食器。

绝育或老化

猫咪做了绝育手术后，体内激素的平衡就会被打破，基础代谢量也会减少，即使吃和以前同样的食物也会增加肥胖的概率。因此，绝育手术后，喂食量要比以前减少30%左右。（基础代谢量是猫咪维持生命所必需的最低热量。）

另外，猫咪上了年纪，活动量和基础代谢量自然会减少，肥胖的概率也会增加。所以猫咪7岁以后要避免吃热量过高的食物，要选择适合其年龄层的饲料。

✓ 计算猫咪一天的建议摄入热量

以猫咪的标准体重为基础，可以计算一天的建议摄入热量（kcal，千卡）。一天的建议摄入热量是判断一天供给多少食物的标准。这里不仅要考虑体重，还要考虑年龄、运动量、是否已绝育等各种因素。

计算一天的建议摄入热量，首先要知道猫咪的基础代谢量。

· 基础代谢量=30×猫咪体重（kg）+70

· 建议摄入热量=基础代谢量×加权值※

※ 加权值请参考表4。

例如，5千克的绝育成年猫，计算如下：

· 基础代谢量=30×5kg+70=220kcal

· 建议摄入热量=220kcal×1.2=264kcal

· 表4　计算猫咪一天建议摄入热量的加权值

各类型的猫咪	加权值
不到4个月	3.0
4～6个月	2.5
7～12个月	2.0
绝育的成年猫	1.2
普通成年猫	1.4
运动量大的成年猫	1.6
老年猫	0.7
肥胖猫	0.8

结果显示，5千克的猫一天所需的热量是264千卡。现在我们只需要根据食物的热量含量，供给适当的量即可。建议零食只占一天所需热量的10%。比如一只5千克的猫，零食供给26.4千卡，剩下的237.6千卡作为饲料供给。参考上述例子，综合考虑猫咪一天所需的热量，来调节饲料和零食的量。

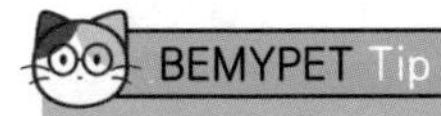

减肥食量计算法

参考一天建议摄入热量的计算方法，加权值取表4中肥胖猫对应的0.8，按照得出的结果给猫咪喂饲料。以BCS为标准，达到5分时停止减肥即可。减肥餐建议最好按照规定的量分3～5次投喂，也可以换成低热量的减肥饲料，或减少喂零食。但根据猫咪的健康状况，也可能需要更多的热量，所以不要忘记咨询兽医哦。

不能因为猫咪不喜欢就推迟刷牙

猫咪过了3岁，很容易出现牙齿健康问题，80%以上会患牙齿疾病。正如前面所说，猫咪易患的代表性疾病就是口腔炎。如果患了这种病，口腔内会出现疼痛，猫咪会不愿意进食，进而引发脱水、脂肪肝等疾病，尤其需要注意。另外，猫咪每次舔主人的时候，还会出现口臭。

在家里可以做的最有效的预防方法就是规律地给猫咪刷牙，但问题是没有猫咪喜欢刷牙。这一节将给大家介绍能够让猫咪刷牙的压力降到最低的训练方法。

✓ 训练猫咪刷牙的方法

第一阶段：熟悉

对猫咪来说，脸是一个致命的弱点。猫咪在警戒心很强的状态下，即使是主人的手靠近也会觉得不舒服，会逃避开。因此，让猫咪熟悉被人抚摸嘴巴周围的感觉，这一点很重要。轻轻抚摸猫咪嘴巴周围，当猫咪的嘴巴抬起来后，马上给它零食，这个方法可以降低猫咪的警戒心。

第二阶段：尝尝牙膏

把牙膏挤在手指上，放到猫咪的嘴边。如果猫咪可以一边嗅着气味，一边尝味道，那就成功了一半。大部分宠物牙膏都是为了减少宠物的排斥感而推出的零食味道的产品。请尝试使用不同的产品，来寻找猫咪喜欢的味道。

第三阶段：轻轻地触摸牙齿

如果猫咪熟悉了牙膏的味道，也熟悉了被主人抚摸嘴巴周围的感觉，那么可以将纱布或手绢缠在手指上，再沾上牙膏，试着轻轻擦拭猫咪的牙齿。如果猫咪拒绝的话，不要动作激烈地触碰，而是要慢慢地让猫咪熟悉这个动作，这一点很重要。

第四阶段：适应牙刷

选择猫咪的牙刷时，请选择刷头小、刷毛柔软的牙刷。因为如果牙刷的刷头太大，猫咪的槽牙会很难刷到；如果刷毛太硬，牙龈会很容易受伤。刚开始训练刷牙时，不要马上把牙刷放到猫咪嘴里，可以先在牙刷上涂上牙膏，像开玩笑一样陪着猫咪玩。当它们逐渐熟悉之后，再用牙刷轻轻触碰猫咪的嘴巴周围，一点点擦到里面。

√ 刷牙训练需要有耐心，慢慢来

猫咪的刷牙训练最少要持续一个月，所以要有耐心，慢慢地进行。给猫咪每天刷一次牙是最理想的，但如果实践起来很困难的话，至少以每周2~3次为目标进行训练。有些猫咪只要在牙齿和牙床上涂牙膏，就完全拒绝刷牙。比起这样的猫咪，能够每周让主人刷牙2~3次的猫咪就已经很好了。如果猫咪特别坚决地拒绝使用牙刷的话，用纱布去刷牙也是可以的。

给猫咪去除牙菌斑很重要！

人类和猫咪刷牙的概念是不同的。人类如果不好好刷牙会得蛀牙，但对于猫咪来说，比起蛀牙问题，牙石问题更加严重。牙石的主要诱因是牙菌斑，去除牙菌斑是很重要的。已经形成的牙石无论怎样去刷，都不会被去除。但可以通过刷牙的方式去预防牙石，如果猫咪已经产生了牙石，就需要到宠物医院进行洗牙来去除。

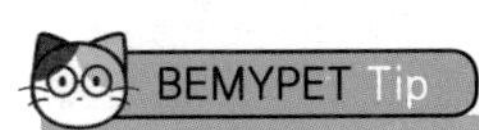

小猫崽也需要刷牙吗？

“反正小猫的乳牙都会掉，所以不刷牙也没关系吧”，很多人抱着这样的想法，推迟给小猫刷牙。要想让猫咪熟悉刷牙，需要主人很长时间的耐心训练才可以。因此，在猫咪的幼崽时期，在它们能够像海绵一样迅速接受周围刺激时就开始训练刷牙，这一点很重要。

猫咪吃人类的食物很危险

主人吃饭的时候，大部分的猫咪只会去闻一闻食物的味道，对食物本身并不会有太大的兴趣。但是偶尔也会有猫咪跑到餐桌上，对食物表现出兴趣，或在餐桌周围转圈叫唤。每当这个时候，就会有主人心想：“给猫咪吃这个应该没什么事吧？”于是，无意间给猫咪吃的食物可能成为猫咪的毒药。另外还要注意的是，猫咪有可能吃掉主人无意间掉落到地上的食物。让我们来了解一下什么食物是绝对不能给猫咪吃的。

✓ 绝对不能给猫咪吃的食物

巧克力

巧克力中含有的可可碱成分会诱发猫咪中毒。可可碱是巧克力原料可可粉中含有的成分，会刺激中枢神经系统。猫咪每千克体重摄取可可碱超过20毫克就会出现中毒，严重时甚至会死亡，是非常危险的。

可可碱中毒症状

- □ 呕吐
- □ 腹泻或小便量增加
- □ 癫痫发作
- □ 心律失常、心脏骤停或死亡

葡萄

大家都知道葡萄对狗很危险，其实对猫咪也有可能致命。虽然目前还没有科学研究表明葡萄的哪些成分会引起猫咪中毒，但是猫咪摄取葡萄后，会产生严重的呕吐、急性肾衰竭、肝功能损伤等，最坏的情况是导致死亡。葡萄干、红酒、葡萄汁等用葡萄加工制作的食品对猫咪也很危险，所以要多加注意。

洋葱

洋葱中含有一种叫作烯丙基二硫化物（Allyl Propyl Disulfide）的成分。这种成分对人来说没什么，但会破坏猫咪的红细胞，引起猫咪中毒。这种毒性成分除了在洋葱当中，在大葱、韭菜、大蒜里面也有，只是成分的含量不同而已，对猫咪来说都是危险的，所以要小心。

洋葱中毒症状

- □ 活动量减少，无力气
- □ 食欲减退
- □ 发高烧
- □ 牙龈变白
- □ 小便呈暗红色

含咖啡因的饮料

猫咪比人类对咖啡因更敏感，所以如果食用了咖啡或含咖啡因的饮料可能会出现中毒。猫咪过量摄取咖啡因会引起呕吐、发热、高血压、癫痫等，严重时会导致死亡。

牛奶

一提到猫咪，大家脑海中就会浮现出它们“咕嘟咕嘟”喝牛奶的情景吧？但是大部分猫咪和狗一样，不能消化牛奶中的乳糖成分，会出现腹泻或呕吐的症状。在救助小猫的时候，不能给它们喝人们平时喝的牛奶也是这个原因。请选用猫咪专用牛奶，或者选择乳糖成分少的产品。

生鱼和生肉

一提到猫咪，是不是就会想起它灵巧地捕食老鼠或鱼的样子呀？但其实像这样生吃是不可行的，生鱼和生肉会让猫咪感染细菌和寄生虫，只有做成饲料或零食之类的熟食才可以食用。如果想在家里给猫咪喂一些肉或鱼，最好选择脂肪少的部位，不要加任何调味料，直接用水煮熟就好，而且建议不要当成主食，而是当成零食，少量投喂为好。

除此之外，还有很多猫咪吃了很危险的食物。所以如果可能的话，就不要给猫咪吃人类吃的食物。如果真的要给，就先了解一下能不能给猫咪吃，然后当成零食少量喂给猫咪。

✓ 如果猫咪想吃人类的食物呢?

家猫一般对人类的食物没有太大的兴趣，但如果是领养的流浪猫，它们可能曾经吃过人类的食物，在主人吃饭的时候也可能会想吃，甚至还会跑到饭桌上。如果猫咪非常想吃人类的食物，那应该怎么应对呢?

先准备好猫咪的餐食

和人一样，猫咪如果肚子很饿的话，也会顺着气味过来，对主人的食物提起兴趣。所以主人要在吃饭之前或者吃饭的时候，先给猫咪准备好餐食。猫咪如果吃饱了，就会降低对食物的兴趣了。

在能看到餐桌的地方设猫咪专用座

主人在餐桌上你一言我一语、看起来很开心的样子可能会引起猫咪的注意。与其说猫咪是想吃东西，不如说是更好奇餐桌本身。这时在可以俯瞰餐桌的高处给猫咪设一个位置，这样它就可以观察到家人，也就不会上餐桌了。

一直无视它

如果主人在吃饭时，猫咪一直要求吃人类的食物或一直盯着主人看，主人就会心软。但只要接受了猫咪一次撒娇，它就会继续软磨硬泡。所以即使是猫咪可以吃的食物也不要给它。

BEMYPET Tip

猫咪可以吃的食物

除了猫咪专用饲料和零食之外，猫咪还可以吃少量的水果。但是水果一定要去除果皮和果核，将果肉切成小块，因为果核和果皮对猫咪来说往往是毒药。下面给大家介绍几种猫咪可以吃的水果和不能吃的水果。

· 猫咪可以吃的水果：苹果、草莓、西瓜、桃子、蓝莓、柿子。
· 猫咪不可以吃的水果：葡萄、芒果、无花果、加工过的水果。

给猫咪洗澡的时候要注意

猫咪是生活在室内的动物，不用经常洗澡。而且猫咪醒着的时候，三分之一的时间都在通过舔毛清洁身体，因此身体也较为干净，但仍有需要给它们洗澡的时候。大多数的猫咪都不喜欢水，给它们洗澡时需多加注意，那么要在什么时候以及如何给猫咪洗澡呢？

✓ 什么时候要给猫咪洗澡呢?

如果没有特殊情况，不是非要给猫咪洗澡，因为洗澡会给猫咪带来压力。像短毛猫的话，有的可以1～2年洗一次澡或一辈子不洗澡。不过，猫咪仍有需要洗澡的时候。

有害虫或皮肤病的时候

如果是刚领养没多久的猫咪，那它的身上很有可能存在跳蚤、螨虫等害虫，或是皮肤病。此时，根据兽医诊断，可能需服用处方药或进行药浴。尤其是流浪猫，它的身上还可能沾有一些异物，在和元老猫咪共同饲养前，建议先给它洗澡。

身上有异物的时候

如果猫咪身上沾到了人用的化妆品或香水、食物、油、清洁剂等异物，就应该给它洗澡。因为猫咪舔毛时可能舔到毛发或脚掌上沾到的异物，有引发中毒或造成皮炎的风险。

换毛期

即便不是长毛猫，在换毛期通过洗澡来去除浮毛也是有好处的。因为猫咪在舔毛的同时，若是吞进过多的浮毛，毛发就可能堆积在肠道中，引发呕吐，而频繁呕吐会对猫咪的肠道造成负担。

口中有异味的时候

口腔炎等口腔疾病造成猫咪口中出现严重异味时，可能会通过舔毛使异味蔓延全身。此时，应一边接受治疗，一边给猫咪清洗身体。所以，猫咪身上如果与以往不同，出现严重异味，那可能是生病的信号，应及时就医。

长毛猫

有一些猫咪因品种原因需要经常洗澡。像长毛猫的话，它与短毛猫相比，毛发更长、更茂盛，所以需要经常给它们梳毛、洗澡。若放任不管，它们的毛发可能会相互缠绕打结，甚至引发皮炎。

√ 给猫咪洗澡的方法

给猫咪洗澡前，应提前准备好梳子、猫用洗发水、吸水性较好的毛巾。洗发水一定要使用猫咪专用产品。人类使用的洗发水对猫咪具有刺激性，会引起皮肤发炎。

第一阶段：洗澡前的准备

洗澡前要将毛发充分梳开，这样毛

发才不会打结，皮肤深处也可以清洗干净。若是先将毛发浸湿，则很容易打结。如果猫咪非常讨厌洗澡，那在洗澡前为它修剪指甲，有助于保护主人的安全。

第二阶段：提高浴室温度

猫咪讨厌洗澡的理由之一就是体温下降。建议提前打开热水，让地砖和浴室的空气变暖。在冬天洗澡，它们的体温会急速下降，尤其要注意。

第三阶段：从臀部开始润湿

对于洗澡，猫咪分为淋浴派和浴缸派。如果猫咪害怕从花洒里喷出的水，可使用大盆接水，然后将猫咪身体润湿。当用浴缸接水洗澡时，为防止对猫咪皮肤造成刺激，请准备36℃左右的温水。当用花洒洗澡时，水温保持与人类体温相近的36～37℃较为合适。注意不要将花洒的水开太大，那样可能会吓到猫咪。请从猫咪的臀部开始一点点润湿。

第四阶段：使用猫用洗发水进行清洗

将猫用洗发水倒在手上，充分揉出泡沫后涂抹到猫咪身上。此时不要将指甲竖起来抓挠，或太过用力揉搓猫咪皮肤，请以手指轻柔清洗。另外，不要让猫咪的眼睛、耳朵和鼻子进水，用手轻轻擦拭面部。洗完后要彻底冲洗，确保没有残留物在猫咪身体上。如果有洗发水残留，猫咪在舔毛的时候可能会将其摄入体内。

第五阶段：使用毛巾和吹风机去除水分

在浴室里，尽可能用毛巾擦干水分，最大限度减少使用吹风机的时间，可以有效减少猫咪的压力。使用吹风机时，请以最低温度保持较远距离，从猫咪腰部开始吹干。若搭配使用宠物烘干箱，可以更快去除水分。还有一个方法是在出浴室之前，让室内较平时更加温暖。但即便如此，猫咪还是讨厌洗澡的话，请尝试以下方法：

- 使用湿毛巾擦洗身体。
- 仅用猫用洗发水清洗身上脏的地方。
- 使用猫咪专用的干洗粉。
- 使用猫咪擦洗身体专用的湿巾。

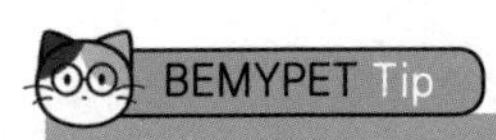

请选择符合猫咪喜好的洗发水

猫咪讨厌洗澡的理由之一就是洗发水的气味。猫咪的嗅觉非常灵敏，太过强烈的香味会让它们产生压力。人类认为好闻的洗发水，猫咪未必喜欢。请尽可能选择弱香型或无香型产品。另外，有一种猫咪喜欢的猫薄荷味的洗发水产品，供大家参考。

猫咪不需要装饰物和衣物

我们经常会在社交媒体上看到脖子上戴着挂有铃铛的漂亮项圈，或是身上穿着可爱衣服的小猫咪，实在是招人喜欢。然后我们就会想："要是我家猫咪也戴上这样的铃铛，或者穿上这样的衣服得多可爱啊！"于是就试着把衣服穿在猫咪身上。此时，大部分猫咪都会拼命挣扎，或是表露出"被玩坏了"的僵硬模样。这副样子在我们看来很可爱，但却可能是猫咪有压力的表现。现在，让我们来看看猫咪尤为讨厌的装饰物和衣物吧！

✓ 猫咪讨厌的装饰物和衣物

发出声音的项圈

猫咪项圈产品很多都带有告知猫咪位置的小铃铛，这种项圈会给猫咪带来非常大的压力。人如果每动一下都不断有声音发出，也会非常痛苦，更何况猫咪可以感知到很小的声音。所以一动就会发出声音的项圈，对猫咪而言简直就是折磨。

很重或体积很大的装饰物

过于沉重或体积很大的装饰物会让猫咪的身体吃不消。尤其是过于沉重或带有很多装饰物的项圈，会对猫咪的颈部和肩部肌肉造成很大的负担。另外，猫咪经常会一下子跳到高处或突然来回疯跑，此时如果装饰物剐蹭到周围物品，是可能造成很大意外的。

坚硬和粗糙的材质

猫咪拥有毛发，貌似不易受到外部刺激，但其实它们的皮肤很脆弱。像装饰物等穿戴在身上的东西

会持续触碰皮肤，所以尽量避免坚硬粗糙的材质比较好。另外，如果猫咪感到皮肤不适，就会不断重复舔同一部位，这可能引发皮炎或脱毛。

用于装扮的衣物

衣物基本都会给猫咪带来很大压力。因为给猫咪穿上衣物，它们就无法进行“最爱”的舔毛。舔毛对于猫咪而言，不只是整理毛发，还会带来调节体温、缓解压力等多种安抚效果。

✓ 如果一定要给猫咪穿衣服、佩戴装饰物的话

有时我们不得不为猫咪穿戴衣物或装饰物。譬如，为防止猫咪舔舐手术部位或受伤部位而穿上的“手术服”，外出时为应对猫咪走丢而戴上的“防走丢项圈”等。此时请核对以下清单。

CHECK 请在为猫咪穿戴前进行检查

- □ 确认衣物或装饰物不会剐蹭到周围家具或物品。
- □ 选择施加一定力量后可自动解开的安全扣。
- □ 佩戴项圈时，宽出1～2指距离，防止猫咪舔毛时嘴卡到项圈上。
- □ 注意带有绳带或蝴蝶结的装饰物可能会被猫咪撕咬或吞掉。
- □ 确保“手术服”完全适配猫咪的身体。
- □ 用于装扮的衣物或帽子只在短时间内穿戴。

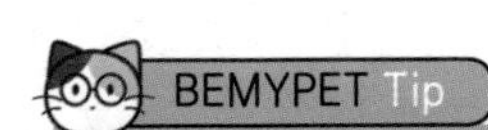

比佩戴防走丢项圈更好的办法，就是进行宠物登记！

猫咪宠物登记自2022年2月1日起已在全韩国范围内作为试点项目实施。对猫咪来说，仅仅是在体内嵌入一个无线识别装置。人们可能会觉得将无线识别装置放入猫咪体内不安全，但其实这个装置极小，仅为米粒尺寸，嵌入时几乎感受不到疼痛，产生炎症或副作用的概率更是仅为0.01%左右。所以，其实我们可以试试宠物登记，而不是让猫咪佩戴不舒服的项圈。

|专栏| 我的猫咪可以活到几岁呢？

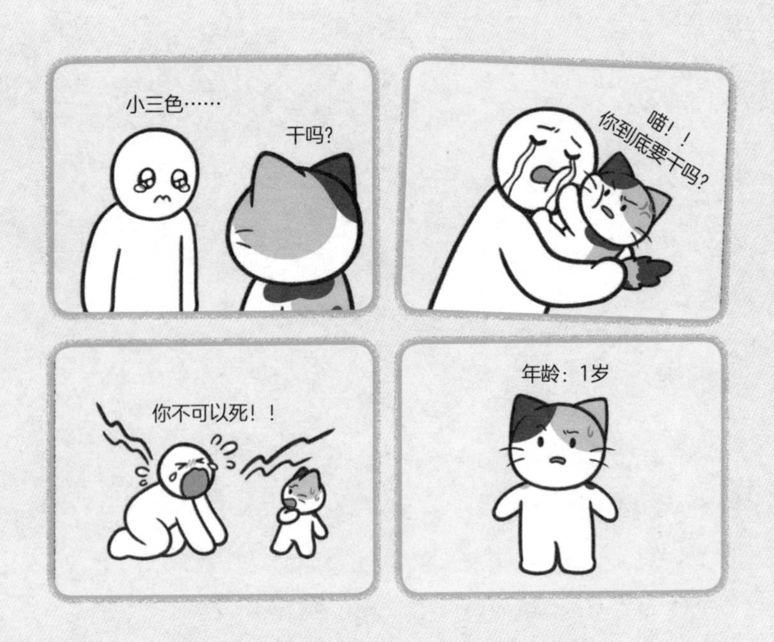

随着猫粮工艺和医疗技术的发展，猫咪的寿命与过去相比已经大幅增加。但对于主人而言，时间还是太过短暂。不过，如果配合猫咪的生命周期，用心照顾好它们，是有助于它们健康长寿的。让我们先来了解一下普通猫咪的寿命吧。

猫咪的平均寿命是多少？

猫咪的寿命根据性别、品种、生活环境等多种因素而有所不同，平均寿命一般是15～20年。其中完全生活在室内的猫咪，其平均寿命与在外散步的猫咪、饲养在院子里的猫咪相比较长。这是因为它们暴露在危险中的概率更小，例如各种病毒、传染病、寄生虫、交通意外等。

猫咪的生命周期

幼年期：0～6个月（人类0～10岁）

这个时期的猫咪成长非常迅速。它们从1个月开始就逐渐断奶，过了2个月后，就可以吃干饲料了。此时是猫咪的社会化时期，它们的好奇心会非常重，喜欢到处摸摸碰碰，也会搞一些小破坏。

青春期：7个月～2岁（人类11～24岁）

这个时期的猫咪体力最为旺盛。它们会跑遍家里的所有地方，不断上蹿下跳。此时应该陪它们玩狩猎游戏，为它们准备猫咪跑步机或猫爬架等物品，以保证充足的运动量。有些猫咪会在青春期变得具有攻击性。

青年期：3～6岁（人类25～40岁）

这个时期的猫咪在某种程度上已经是懂事的成年猫了。即便它们是刚到3岁，对玩具也不会再表现出太大反应；又因为运动量减少，也可能会长胖。但运动量与猫咪的健康息息相关，建议准备多种猫咪感兴趣的玩具，让它们忙个不停。

壮年期：7～10岁（人类41～56岁）

这个时期的猫咪动作变得缓慢，活力下降。和这个时期的人类一样，它们患上糖尿病、高血压、口腔疾病等的概率也会大幅增加。请每年定期带它们进行1～2次体检。

中年期：11～14岁（人类57～72岁）

这个时期的猫咪老化较为明显。肾脏疾病、心脏疾病、甲状腺疾病等高危疾病的患病概率急剧上升。哪怕有一点异常，也应该及时去医院就医。此时，建议喂食老年猫粮，忌高热量的食物。

老年期：15岁以上（人类73岁以上）

这个时期的猫咪身体各器官的机能全面下降。此时不只是免疫力，视力、听力也都随之减退，应该把它们看作是需要照顾的老人。此时，压力会给猫咪的身体状况带来巨大影响，所以要特别注意。

CHECK LIST

让猫咪健康长寿的10种方法

猫咪在衰老的过程中，身体上会出现各种变化。以成年猫为标准，猫咪的睡眠时间为每天14个小时，但随着年纪增大，可能要延长至平均每天18个小时。猫咪的消化系统逐渐衰弱，食欲减退，可能经常发生呕吐。关节也会逐渐退化，走路缓慢，难以将身体蜷缩起来，导致梳理不到身体某些部位的毛发。为了让猫咪不生病，健康长寿下去，请记住以下10种方法※。

· 将猫咪完全饲养在室内，打造安全的环境。
· 保持猫砂盆、猫碗等生活用品和家中环境干净卫生。
· 均衡喂养猫咪，适量喂食。
· 为猫咪提供足量的新鲜水源，预防猫咪患泌尿系统疾病。
· 注意猫咪大小便的状态、频率和量。
· 仔细观察猫咪平日行为，出现异常时及时处理。
· 经常抚摸猫咪，确认猫咪身体状况。
· 维持猫咪正常体重。
· 定期进行体检、疫苗接种等。
· 每天陪猫咪玩狩猎游戏，帮助猫咪缓解压力。

※ 资料来源：国际猫咪关爱组织（International Cat Care）

PART 4

哔！避开让猫咪焦虑的环境

搬家时，猫咪可能会产生压力

饲养猫咪时在很多方面都要多加注意，其中最为重要的是猫咪的居住空间。对于领域性动物——猫咪而言，新事物、新环境都会给其带来焦虑和压力。尤其是像搬家这种生活环境被彻底改变的情况，猫咪需要一段适应过程。所以搬家当天，主人应该围绕“今天是猫咪搬家的日子”，以猫咪为中心进行思考。不仅仅在适应新家的过程中，在搬家前、搬家过程中也需要进行万全准备。

✓ 搬家前的核对清单

前往宠物医院

在搬家前，最为紧要的是带猫咪前往宠物医院，检查猫咪的健康状况。因为搬家会给猫咪带来压力，也会在体力上给它造成负担，所以建议尽可能在猫咪状态好时搬家。

请记得在常去的宠物医院打印一份猫咪健康档案。搬家过程中，也请做好随时应对猫咪状态恶化的措施。如果猫咪在车辆行驶时晕车严重，请给猫咪准备好晕车药；情况紧急时，也可根据兽医的处方服用镇静剂。另外，搬家后有很多猫咪的身体状态会急速下降，最好提前了解新家周围的24小时宠物医院（之后会详细介绍选择猫咪宠物医院的方法）。

CHECK 搬家前，前往宠物医院时谨记

- ☐ 打印猫咪健康档案。
- ☐ 为晕车严重的猫咪准备好猫咪晕车药。
- ☐ 根据兽医诊断获得镇静剂处方。

航空箱训练

如果新家与旧家距离较远，则必须进行航空箱训练。从搬家前开始，就将航空箱自然而然地放在猫咪平时生活的空间。重要的是，让航空箱门保持常开状态，使猫咪不会对航空箱产生警戒。在猫咪进到航空箱内时，以零食进行奖励，给猫咪留下一种正向反馈。还有一种方法是将猫咪喜欢的毛毯或玩具放在航空箱内。

打包行李

打包行李时，猫咪也可能会产生压力。请尽量一点一点打包行李，并将行李集中放于一处。搬家当天，提前整理好猫咪将要住的房间，让猫咪习惯待在房间内。另外，把之前使用过的猫砂盆、猫碗、水碗、软垫等放进去，并陪它们玩耍一段时间。搬家前除非有极特殊情况，不然请勿更换猫咪常用物品。

√ 搬家当天的核对清单

隔离猫咪

搬家当天会有很多让猫咪感到焦虑的因素，如陌生人和嘈杂的声音等。将猫咪隔离在提前准备好的房间后，请务必关紧窗户和房门。门上贴好“房内有猫咪，请勿开门”的标识，以防有人随意开门。如果可以的话，留一个主人和猫咪一起待在房间内，持续检查猫咪的状态。

若没有提供猫咪隔离的房间，请在搬家当天将猫咪放在车内等待。此时最好不要离开车辆，不要让猫咪单独留在车内。如果是在夏天，请打开车内空调，调节车内温度。

> 请务必守护在猫咪身边！
>
> 虽然搬家当天肯定会忙得晕头转向，但至少保证有一位主人务必留在猫咪身边，也可以让家庭成员轮流陪伴猫咪。因为搬家当天经常会发生猫咪走丢，或猫咪的状态突然恶化的突发情况。

一定要坐车的话

如果要搬去的地方开车超过2个小时，则有必要做好长距离移动的准备。在移动前2～3小时内结束喂食，要是猫咪平时晕车较为严重，应在坐车前4～5小时内结束喂食；喂水则建议在坐车前1小时内完成。

乘车前，保持车内通风，尽量减少一切可能让猫咪不舒服的气味，如食物气味、空气清新剂气味和烟味等。请铺上带有猫咪或主人气味的毯子。另外，航空箱内的温度一般较车内温度更高，请维持20℃上下的舒适环境。

开车时，请注意不要急刹车或忽然加速，每隔一小时休息一段时间。在移动过程中，猫咪也可能会感到焦虑，请像平时一样温柔地同它说话。

搬家后整理房间时需注意

新房尽可能整理成和旧房差不多的样子，尤其要注意猫砂盆的摆放位置。对于猫咪来说，在发生变化的环境中最重视的就是猫砂盆的位置。如果可能的话，请将猫砂盆周围的环境布置成和旧房类似的样子。

即便猫咪之前使用过的物品已经很老旧，也请绝对不要扔掉，而是原封不动带到新房，这将会对猫咪熟悉新房提供一定帮助。尽可能使用原来用过的被子、猫床和猫窝，并陪在猫咪身边，直到猫咪稳定下来。

对新房感到陌生的猫咪可能会往外跑，请一定要封窗。如果无法封窗的话，请注意锁好门。

搬家当天与猫咪待在一起

搬家当天，猫咪可能会因无法适应新房而感到焦虑。在简单整理好大件行李后，请和猫咪待在一起。如果主人长时间远离猫咪，或一直打扫卫生并造成较大噪音的话，猫咪很难稳定下来。如果猫咪躲藏起来，主人可以在附近躺下，温柔地呼唤猫咪的名字，不断确认猫咪的状态。猫咪为了观察周围情况，有时会走出来，此时喂给它一些零食或猫粮就好，请不要强制将猫咪拉拽出来。此时主人最好要表现出从容淡定的模样。

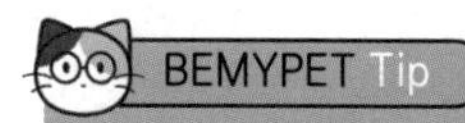

给感到焦虑的猫咪推荐费利威（FELIWAY）

在整个搬家过程中，如果猫咪感到了很大压力，建议你使用一种名为“费利威”的产品。这种产品与猫咪高兴时散发出的信息素气味相似，它分为喷雾和香薰两类。虽然猫咪个体有所差异，但它确实有让猫咪身心安定的效果。

请注意猫咪的生活空间

决定猫咪能否毫无压力地生活、身心幸福的关键要素就是室内空间，即猫咪的生活区域。因此，根据猫咪的特性，打造适合它们的空间是很有必要的。

还记得我们前面提到过猫咪喜欢垂直空间的活动吗？让猫咪感到幸福的空间当然就是设置有垂直空间的房子。这一节让我们在回顾猫咪习性的同时，了解一下猫咪讨厌的空间特征，以及如何进行改善吧！

✓ 猫咪讨厌什么样的生活空间？

开放式的厕所

猫砂盆对于猫咪而言是一个绝对不能受到打扰的空间。因此，比起太开放的空间，猫砂盆更适合放置于安静的地方。如果有人总是从猫砂盆旁经过，会让猫咪无法完全专注于排便活动。这种情况下，猫咪可能会因压力导致便秘或乱尿（喷尿），严重的话甚至会发展成膀胱炎或尿路结石。

猫咪从野生生活的时候开始，就会本能地在排便时确保留好退路。因此，把猫砂盆放置于太过狭窄封闭的空间也不合适。

摆放低矮的家具

请为猫咪准备好高处空间和垂直空间。猫咪喜欢跳到高处观察周围，并在高处不受打扰地休息。

家里缺少垂直空间，可能会导致猫咪肥胖或抑郁。所以，我们可以摆放高一点的家具或猫爬架等，为猫咪打造垂直空间。

没有躲藏的空间

猫咪有将身体躲藏起来以寻求稳定的习性。猫咪睡午觉或休息时、害怕或焦虑时，在很多情况下都会将身体藏起来，钻进四面封堵的地方，比如箱子或袋子等。如果家中没有供猫咪躲藏的空间，这可能成为造成猫咪压力的主要因素。

即便只是生活在室内，猫咪也需要属于自己的躲藏空间。请利用猫窝或箱子等，为猫咪打造至少两处可供躲藏的空间。

过热或过冷的空间

据资料记载，猫的祖先曾生活在沙漠，因此猫咪很怕冷，冬季需要通过毯子、猫窝、暖炉和电热毯等来提高周围温度。需要注意的是，在使用电热毯或暖炉时，过热会造成猫咪烫伤。

比起抗冷，猫咪更加抗热，但还是要维持适当的室内温度。夏季如果湿度过高，猫咪在舔毛时沾到毛发上的口水就无法蒸发，会导致体温升高。这种情况下，请注意猫咪的身体状态可能会变差。

香味浓郁的房子

正如我们前面提到过的，猫咪是一种嗅觉非常灵敏的动物。香味过于浓烈时，不仅会让猫咪感到压力，而且会伤害它们的支气管。如果主人喜欢使用香薰或空气清新喷雾等散发香味的产品，猫咪大概率会产生压力。

精油中毒症状

- □ 突然流眼泪或眼里有异物感。
- □ 皮肤起疹、发痒或浮肿等。
- □ 呕吐、腹泻或乱尿。
- □ 活动量急剧下降，无精打采。
- □ 食欲减退，平时喜欢吃的零食也不吃了。
- □ 出现低体温症、肌肉震颤、痉挛。
- □ 口腔黏膜产生炎症，流口水。
- □ 肝功能指标急剧上升。

尤其要注意使用茶树精油香薰等精油类香薰产品。精油类香薰产品是植物天然成分，即由植物提取的精油制作而成。人类可以自行解除这种精油中的有毒成分，但猫咪并不具备解毒能力。如果猫咪持续暴露在香味之中，精油成分会在其体内不断累积，给肝脏带来一定负担，引发中毒。值得注意的是，精油成分如果沾在猫咪毛发、皮肤上，猫咪舔毛时可能会吃进体内，这会造成肝脏衰竭或肾脏疾病。如果放置藤条香薰，可能会出现猫咪误食香薰液的意外情况。

猫咪喜欢的生活空间

□ 猫砂盆数量充裕。

□ 猫砂盆放在安静的地方。

□ 有多个供猫咪躲藏的空间。

□ 可利用猫爬架、猫爬梯等进行垂直空间活动。

□ 可以坐在窗户附近观望窗外景色。

□ 会根据季节调节家中温度。

□ 不放置猫咪易打碎的物品。

□ 没有气味强烈的香水、藤条香薰、香烟、香薰蜡烛等。

□ 喂食空间、猫砂盆、休息空间分离开来。

□ 封窗或封门，环境安全。

□ 安装有猫门，猫咪可随意进出主人房间。

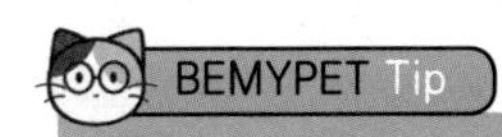

对于猫咪而言，家中的环境就是整个世界

根据猫咪的特性打造家中环境是极为重要的。请记住，除去与主人的联系之外，家中的环境就是猫咪世界的全部。除了注意家中环境的布局，将家里打扫干净也很重要。因为猫咪喜欢到处攀爬，偶尔也会跳到冰箱或橱柜上方等高处。这些地方我们平时很少会打扫到，请保持其干净整洁。

不能随意选择宠物医院

我们需要慎重选择宠物医院。原因在于即便没有疾病，也应该定期带猫咪去医院接种疫苗和体检；而出现问题时，也可以去医院进行咨询。不是只有拥有最新器械的大型医院才是好医院，也不是只有知名兽医开的宠物医院才是好医院。另外，有些医院可能无法诊疗某些疾病，建议至少了解两家以上的宠物医院。

选择宠物医院时，应考虑哪些标准呢？让我们来了解一下寻找适合猫咪的宠物医院的方法吧。

✓ 选择宠物医院的标准

兽医与猫咪的情感交流

选择适合自己和猫咪的宠物医院时，最为重要的标准就是对兽医的信赖，也就是我们能否带着信任将自己的猫咪交给兽医。而兽医的经验是否丰富、能否根据主人的接受程度对疾病进行详细说明，以及护理猫咪的专业程度或态度等也都需要好好确认。参考网上的信息或接受周围人的推荐不失为一个好方法，但更建议你亲自前往，观察医院氛围，进行简单咨询。

医院的诊疗信息

每家宠物医院的诊疗范围和可以检查的项目都有所不同。最好提前了解想要前往的医院的信息，如诊疗范围、是否接受住院、发生紧急情况时可以转去的顶级宠物医院等。

CHECK **请确认医院诊疗信息**

- □ 宠物医院的营业时间是什么？
- □ 公休日或深夜是否能进行急救诊疗？
- □ 有单独的猫咪诊疗室和病房吗？
- □ 除基本体检外，可以进行的诊疗和检查有哪些？
- □ 除前往医院外，可否通过电话或聊天软件进行相应问诊？

医院与家的距离

选择宠物医院时，医院与家之间的距离是一个非常重要的因素。猫咪需要进行门诊治疗时，如果路上花费时间较长，对猫咪和主人而言都会有压力，在体力上也会感到有负担。如果猫咪需要进行紧急治疗，医院与家的距离往往会左右猫咪的生命。宠物医院与家之间的行程最好不要超过30分钟，无论是步行还是开车。

√ 前往宠物医院前要准备的事项

如果选定了宠物医院，那在去宠物医院前还有以下几个要准备的事项。一直生活在室内的猫咪，外出可能会导致它们显露攻击性。在带猫咪去医院前，请熟知以下6个事项。

第一，去医院前，提前与医院取得联系并转述猫咪状态。尽量减少猫咪在医院的等候时间。

第二，带猫咪去医院时，一定要使用航空箱。到达医院后，即便是在等候，为了安全，也应该让猫咪待在航空箱中。

第三，最好用主人的衣服或猫咪平时使用的毯子将航空箱盖住，不让猫咪看到航空箱外面。因为陌生的环境和人，可能会让猫咪受到惊吓而感到紧张。

第四，如果猫咪平时极为敏感，去医院前请提前准备好带有安抚神经效果的零食或辅助用品等，适当喂食或使用。

第五，请注意让猫咪在医院的猫咪单独休息室内等候，尽量不要让猫咪和其他动物碰面。

第六，去医院前请提前给猫咪剪好指甲。因为猫咪为了不从航空箱里面出来，会不断挣扎，这就可能导致指甲直接折断，或在检查时抓伤兽医和主人。

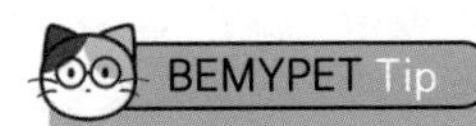

如果猫咪从医院回来后变得无精打采

猫咪如果受到极大压力，从医院回来后就可能会显露出一些抑郁症状，如将身体藏起来或没有食欲等。这种情况下，不能刺激猫咪，应顺其自然，让猫咪稳定下来就好。过了一段时间后，猫咪会独自缓解情绪。

对猫咪有毒的植物

猫咪主人都会有一个苦恼，那就是“很难在家中养花草”，因为有的猫咪喜欢吃植物。这样一来，主人家中的大部分花草都很难存活。而且，有一些花草被猫咪食用后，会引起猫咪呕吐、腹泻、呼吸困难、全身麻痹、心律失常等严重症状。

其实，对猫咪有危害的植物足足有400余种，我们很难一一了解。这里我们就以家中常养的具有代表性的植物为主，认识一下对猫咪有危害的植物和安全的植物，请参考表5。

✓ 猫咪为什么会吃植物呢？

众所周知，猫咪是一种肉食性动物，可它们为什么会吃植物呢？自古以来，野生猫咪就狩猎小鸟或老鼠，并通过猎物的胃脏自然而然地摄取到纤维素和其他的营养物质，以维持营养均衡。而家猫也正是通过家中的花草来完成同样的营养均衡。众所周知，纤维素在肠道环境改善方面发挥着非常显著的作用。

有一些小猫咪尤其喜欢草的口感和气味。这会导致它们不在乎植物种类，只要看到就全部吃掉。这时候，我们需要对猫咪进行管理，防止它们摄取到有害的植物。

· **表5** 会给猫咪带来影响的植物

对猫咪有危害的植物	对猫咪安全的植物
· 橡胶树 · 菊花 · 喇叭花 · 雏菊 · 薰衣草 · 龟背竹 · 百合 · 本杰明月季 · 溪荪（鸢尾） · 绣球 · 水仙花 · 常春藤 · 花烛 · 芦荟 · 铃兰 · 芍药 · 天竺葵 · 杜鹃花 · 映山红 · 康乃馨 · 郁金香 · 三色堇 · 一品红 · 鹅掌藤（鹅掌柴） · 风信子	· 迎春花 · 非洲菊 · 蟹爪兰 · 香菜 · 燕麦、小麦苗、大麦苗（猫草） · 金盏花 · 锦晃星 · 竹子 · 散尾葵 · 山茶 · 紫丁香 · 香蜂花 · 迷迭香 · 木槿花 · 罗勒 · 紫薇 · 松树 · 刺梨仙人掌 · 石莲花 · 茉莉花 · 蜀葵 · 百里香 · 秀丽竹节椰 · 小苍兰 · 向日葵

注：更多植物详情请参考美国爱护动物学会网站（www.aspca.org）上的相关资料。

✓ 猫咪摄取植物可能出现的中毒症状

根据摄入对其有危害的植物的程度，猫咪可能会出现不同的中毒症状。尤其要注意，百合科植物不只是花瓣，其叶子、根茎，甚至是插花的水，猫咪少量摄取都会造成严重中毒，甚至导致死亡。猫咪在摄取对其有毒性的植物后，如出现瞳孔发散、张嘴呼吸等症状，请尽快就医。

植物中毒症状

- □ 呕吐、腹泻。
- □ 尿量显著减少。
- □ 痉挛或癫痫发作。
- □ 出现低体温。
- □ 呼吸急促，张嘴呼吸。
- □ 猫咪耳朵内侧、鼻子、牙龈等变为蓝紫色。
- □ 活动量显著减少，无精打采。
- □ 瞳孔发散，失去意识。

纤维素的摄取有助于猫咪排出毛球

请为特别喜欢吃草的猫咪准备安全的植物。因为纤维素的摄取有助于猫咪排出毛球，建议你准备一些猫草（小麦苗、大麦苗等）。如果一定要养猫咪不能吃的植物，请将植物放置于阳台等猫咪无法靠近的空间。不过也会有偶尔打开阳台门的猫咪，所以请一定要锁好阳台门。

猫咪喜欢干净的环境

很多人以为猫咪自己也可以玩得很开心，养猫要比养狗容易。但猫咪对生活环境很敏感，所以反而需要注意的地方更多。其中，与猫咪的心情和健康息息相关的就是“打扫卫生”。虽然听起来很不值一提，但这却是主人一天当中非常重要的任务。

一起生活后，主人就会震惊于猫咪原来是多么爱干净的动物。例如，水面上如果漂着异物，猫咪就不会喝水；猫砂盆不干净的话，猫咪就憋着不排便。若经常出现这些行为，可能会导致肾脏、膀胱炎等泌尿系统疾病，所以应时刻保持猫咪周围的环境干净整洁。这一节我们会把注意力放在主人打扫卫生上面。

✓ 一天至少清洗两次猫碗

从原则上来说，猫碗最好在每次喂食前都进行清洗。尤其是夏天，猫碗中剩余的猫粮很容易生虫或繁殖细菌，请务必在洗干净的食碗中倒入新的猫粮。如果使用自动喂食器，请一定在早晚将猫碗洗干净。

水碗也要每天清洗两次以上，以保证猫咪可以一直喝到新鲜干净的水。因为猫咪从本能上就不喜欢喝水，所以要每天确认猫咪是否喝够水（成年猫以每千克体重40～50毫升水为标准）。再加上我们前文提到过的，猫咪不会去喝漂有异物或有异味的水，因此主人更要在水碗上花心思。如果外出时间较长，请准备2～3个水碗。

猫粮的保存方法

用密封夹将猫粮进行整袋密封后，放入带有盖子的普通容器中保存（猫粮袋子具有防止猫粮氧化的作用）。如果想把猫粮装到容器中，请使用完全密封的玻璃容器，不要用塑料桶或普通塑料容器。

✓ 一天至少打扫两次猫砂盆

猫砂盆对猫咪的重要性，已无需过多赘述。选择适合猫咪的猫砂盆和猫砂很重要，而把猫砂盆打扫干净也十分重要（我们将在下一节介绍猫砂盆和猫砂）。就像如果洗手间很脏，人也会感到有压力一样，猫咪在猫砂盆不干净的时候，是很有可能乱拉乱尿的。猫咪会因为不想去厕所而憋着不排便，这种情况下自然会经常乱拉乱尿。如果反复出现，猫咪就不只是压力增大的问题了，甚至会患上内科疾病。

猫砂盆里的排泄物请一天铲两次以上。而猫砂的更换频率则根据猫砂盆的大小、猫砂的种类和状态有所不同。以膨润土猫砂为例，最好3～4周更换所有猫砂，并将猫砂盆也一起清洗干净。猫砂如果产生很多灰尘、碎末，或气味较大，则应该全部更换。猫砂盆周围的地面上总是有猫咪带出的猫砂。此时，如果我们在猫砂盆周围铺上垫子，既便于清洁，又能保持周围区域的整洁。

建议猫砂盆的数量比猫咪的数量多1～2个，并根据主人的外出时间进行调整。

去除猫砂盆气味的方法

如果猫咪喜欢站着小便，或对着猫砂盆壁小便，可使用杀菌消毒剂擦拭猫砂盆，而最根本的解决方法还是经常打扫猫砂盆。

✓ 每天打扫地面，清洁猫毛

猫咪会掉很多很多毛，只要看一个人的衣服和包包，就能知道这个人是否养猫。如果猫咪掉毛过于严重，请每天用梳子给猫咪梳毛，这样可以自然而然地梳掉浮毛，以减少猫咪掉毛。

最近很多人都喜欢使用一次性拖把清扫地面，但一次性拖把中含有的清洁剂成分可能对猫咪有害。猫咪舔毛时可能会将残留的清洁剂摄入体内，所以建议将抹布或厨房纸沾水打湿后，擦洗地面。

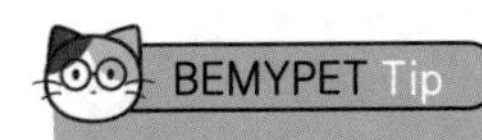

制作对猫咪无害的杀菌消毒剂：

· 想要去除氨气味时：2勺柠檬酸+250毫升温水。
· 想要擦除排泄物时：2勺小苏打+250毫升温水。

猫咪可能会因厕所而生病

这一节我们来介绍一下猫砂盆。我们在前面提到过的，对于干净的猫咪来说，即便不单独进行训练，它们也知道排便后掩埋自己的排泄物，这是最本能、最基础的行为。但如果猫咪对使用的猫砂盆或猫砂不满意，它会忍住不大小便，这不仅会产生压力，甚至会导致疾病。因此，需要我们格外注意。下面，就让我们来了解一下猫咪喜欢的猫砂盆和猫砂吧！

✓ 各类型猫砂盆的优缺点

猫砂盆的类型有很多，但其中有一些产品是为了方便人类而设计的，并不能满足猫咪的本能，请谨慎选择。

平盘型猫砂盆

一般来说，这是猫咪最喜欢的猫砂盆类型。四面开阔，排便的同时可以观察周围，给猫咪一种安全的感觉。而且通风良好，大小便气味可以快速散去。如果是放在光线较亮、人来回走动的地方，带顶盖或盆壁加高的猫砂盆可能会更加合适。

平盘型猫砂盆最大的缺点是猫咪很容易将猫砂弄得到处都是。因为没有顶盖，猫咪从猫砂盆跳出来的时候，很容易把猫砂一起带到外面。

半封闭型猫砂盆

半封闭型猫砂盆与平盘型猫砂盆相比，多了一个盖子。每只猫咪的性格都不同，所以也有猫咪觉得半封闭型猫砂盆更有安全感。如果猫砂盆是放在玄关或走廊等有人经常走动的地方，那半封闭型猫砂盆是一个不错的选择。

但选择半封闭型猫砂盆时，有一点需要注意，那就是选择入口在正面的猫砂盆。不推荐为防止猫咪往外带砂而选择入口在上面的猫砂盆，因为猫咪使用起来会觉得不方便。狭窄的拱形入口或带门的猫砂盆，猫咪用起来也会感到不舒服。

双层猫砂盆

双层猫砂盆共有两层，上层铺有木屑猫砂，下层则垫有宠物尿垫。木屑猫砂没有灰尘，也可以防止猫咪带砂出盆。木屑无法吸收的气味和尿液会被下层的尿垫吸收。但双层猫砂盆的结构无法完全满足猫咪排便后将排泄物埋起来的本能。而且木屑猫砂的特性是颗粒非常大，可能会对猫咪的脚掌造成刺激。

当然，使用双层猫砂盆较长时间的猫咪在某种程度上可以适应下来，可如果将它和普通平盘型猫砂盆放置在一起时，猫咪几乎不会使用双层猫砂盆。

自动猫砂盆

自动猫砂盆在猫咪结束排便后，会自动过滤掉排泄物，但其实这种猫砂盆并不适合猫咪。

猫咪需要的猫砂盆空间至少是其身长的1.5倍，越宽敞猫咪越喜欢。但自动猫砂盆的特征是内部狭窄，大部分都将猫砂铺得很薄，猫咪排便后很难将排泄物埋起来。

如果外出时间较长，想要使用自动猫砂盆的话，建议搭配普通平盘型猫砂盆一起使用。

✓ 各类型猫砂的优缺点

猫砂也有很多种类型，请在了解各种材质的优缺点后进行选择。如果很难选择的话，请将各种猫砂分别铺在不同的猫砂盆中，观察猫咪更经常去铺有哪种猫砂的猫砂盆。

膨润土猫砂

膨润土猫砂据说是猫咪的最爱，其材质与自然界常见的沙土最为相似，且颗粒大小也和沙土差不多，对猫咪脚掌的刺激性较小，也适合将排泄物埋起来。另外，膨润土猫砂结团力强，不易碎，清扫起来也很方便。

膨润土猫砂的缺点是很容易产生粉尘，猫咪经常会带砂出盆。更重要的是，粉尘可能会使猫咪患上结膜炎或支气管炎。所以，如果猫咪本身就有哮喘或鼻炎，建议在使用前先进行测试。

木薯猫砂

木薯猫砂是100%天然猫砂，由木薯树中提取的根茎作物和玉米相融合后加工制作而成。也正因为是天然材质，所以猫咪就算误食也很安全。如果猫咪有吃猫砂的习惯，推荐主人使用木薯猫砂。而且木薯猫砂结团力强，几乎不会产生粉尘，整体更换周期也较长，性价比很高（膨润土猫砂需2～4周整体更换一次，而木薯猫砂可使用3个月以上）。大部分木薯猫砂为白色或象牙色，可直接确认猫咪的小便颜色，更适合患有下泌尿系统疾病的猫咪使用。

但木薯猫砂颗粒非常小，很容易被猫咪带出盆，而且几乎没有除臭能力，排便后可能会有很大异味。

豆腐猫砂

豆腐猫砂是一种由豆腐渣制成的颗粒状猫砂，与膨润土猫砂和木薯猫砂相比，不易被带出盆，深受许多猫咪主人的喜爱。豆腐猫砂可溶于水，所以你可以把猫砂直接冲进马桶。

不过，豆腐猫砂与天然沙土的触感截然不同，猫咪并不太喜欢，且结团力不强、易碎，清洁周期较短。湿气较重的夏天，豆腐猫砂可能容易生虫或散发臭味，建议经常全部更换。

✓ 检查猫咪对猫砂盆和猫砂的满意度

观察猫咪使用猫砂盆的姿势、排便频率、排泄物的量，就可以知道猫咪对猫砂盆的满意度。如果猫咪对猫砂盆或猫砂满意，在更换猫砂时猫咪会立刻跳进猫砂盆进行排便；如果猫咪对猫砂盆或猫砂不满意，则会不掩埋排泄物就直接跳出来，或在排泄时采取不太舒服的姿势。另外，猫咪还可能去扒猫砂盆以外的其他地方，或不尿在猫砂盆中，出现随地乱尿或排泄后挠盆壁的情况。

如果猫咪在猫砂盆以外的地方小便怎么办？

- ☐ 请勿对猫咪大喊或发脾气，否则猫咪可能会忍着不尿，导致患上膀胱炎。
- ☐ 请彻底清扫，以防留有气味。猫咪会因为气味而不断尿在同一个地方。
- ☐ 增加猫砂盆的个数或更换成较大的平盘型猫砂盆。
- ☐ 请将猫砂盆移到猫咪经常乱尿的地方。
- ☐ 经常更换猫砂，使用猫咪喜欢的猫砂。
- ☐ 要有耐心，改正乱尿这种行为可能需要几天，甚至几个月。

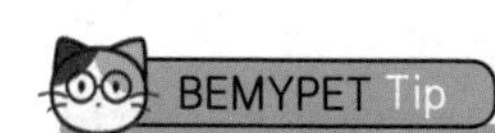

请根据猫咪的喜好选择猫砂

前面我们介绍了多种猫砂，但一般来说，猫咪喜欢与在大自然中见到的沙土相似的膨润土猫砂和木薯猫砂。但每只猫咪的喜好不同，请选择猫咪喜欢的猫砂。

请一定要为猫咪驱蚊

经常会有人问："蚊子也叮咬猫咪吗？"与出去遛弯的狗相比，猫咪在夏天被蚊子袭击会相对少一点，但也难逃一劫，尤其是毛发较少的耳朵尖、脸颊和脚掌特别容易被叮咬。养猫咪的时候一定要记住"驱蚊"，因为猫咪可能被蚊子叮咬而感染"心丝虫病"。

猫咪如果感染心丝虫病，并不会产生任何症状，所以很难被发现，而且一旦患上此病，预后效果不佳。更糟糕的是，至今为止还没有猫咪专用治疗心丝虫病的药剂。因此，主人要注意猫咪周围的环境，以防猫咪被蚊子叮咬。

✓ 猫咪感染心丝虫病危险的原因

所谓的“心丝虫”是一种以蚊子为传播媒介，引发宿主疾病的寄生虫。感染心丝虫的蚊子叮咬狗狗或猫咪后，会使它们感染心丝虫病。心丝虫病对于猫咪而言是非常致命的。急性感染时，猫咪会出现呼吸困难、喘息等严重的呼吸系统症状，甚至有猝死的可能性；慢性感染时，猫咪会出现咳嗽、打喷嚏等较轻的呼吸系统症状，或体重减轻、呕吐、有气无力等其他症状。

与狗狗相比，很难诊断猫咪是否感染心丝虫病，而且市场上没有被批准的治疗药品，治疗起来也很困难。只能在治疗表面症状的同时，坚持护理直到心丝虫在体内死亡。因此，心丝虫的预防十分重要。

但并不是说猫咪被蚊子叮咬后就一定会患上心丝虫病，因为叮咬猫咪的蚊子也可能并未感染心丝虫。不过猫咪被蚊子叮咬后，也会像人一样感到痒，严重的话，甚至会引发过敏、红疹。虽然这种情况大多数都会自然痊愈，但如果猫咪对某个部位出现过度梳理或抓挠，建议主人带猫咪去医院问诊。

✓ 防止猫咪被蚊子叮咬的方法

事实上，猫咪患上心丝虫病几乎是无法治愈的，所以最好的办法就是驱蚊和预防。可以涂抹一些预防蚊子的药，或创造一个能驱除蚊子的家庭环境。请灵活使用以下驱蚊用品。

禁用蚊香、杀虫剂

猫咪如果直接闻到蚊香的烟雾，就会对健康产生不利的影响。猫咪还可能将蚊香燃烧后的灰烬吃掉，这也是十分危险的。除此之外，猫咪还可能将蚊香打翻，导致火灾的发生，所以建议不要使用蚊香。

喷雾式驱蚊液中的杀虫剂成分会残留在地面或窗帘上，有被猫咪摄入体内的可能，所以也很危险。如果一定要使用，请喷洒在猫咪去不到的地方，并注意清洁地面和通风换气。

电子灭蚊器

电子灭蚊器是利用蚊子的趋光特性，以特定波长的紫外线将其吸引，再用高压电网触电将其消灭。这样就不存在猫咪暴露在驱蚊液成分中的危险。电子灭蚊器在黑暗的环境下效果较好，白天的性能会有所降低。同时高压电流产生的噪声可能会吓到猫咪。

熏蒸器式电蚊香

熏蒸器式电蚊香相对较为安全，因为猫咪不会直接摄取到其中的成分，但不能放置在猫咪可以闻到气味的密闭空间。请务必仅用在通风良好的空间，且置于猫咪触碰不到的地方。

肉桂棒

蚊子不喜欢肉桂的味道，所以将肉桂棒挂在窗边或喷洒肉桂喷雾的话，可以有效驱蚊。它属于天然驱蚊产品，成分十分安全。但也有对肉桂浓缩液产生过敏反应的猫咪，需要注意。

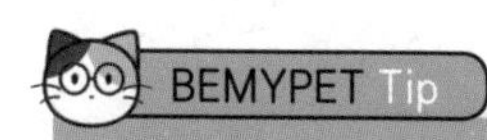

请让猫咪尽量远离蚊子

幸运的是，猫咪与狗狗相比，感染心丝虫病的可能性更小。即便被感染，幼虫在体内成长后引发问题的可能性也相对较小。但无论如何，心丝虫病对于猫咪而言还是不安全的。

猫咪不能没有猫抓板

猫咪主人间流传着一句话："和猫本无缘，全靠我花钱。"和猫咪一起生活，需要购买很多猫咪用品，让人不禁想问："需要这么多东西吗？"其中，除了猫碗、猫砂盆这些必需的生活用品外，最重要的一样东西就是猫抓板。实际上，很多猫咪主人都有一种共识，那就是猫抓板比猫爬架更重要。因为抓挠是猫咪缓解压力、满足本能的一种行为。

✓ 猫抓板为什么对猫咪很重要

猫抓板的基本功能就是让猫咪磨爪子。对于把四个爪子当手用的猫咪来说，指甲是极其重要的部位。猫咪爬上爬下、支撑身体都要靠它，遇到危险的时候还能将它作为很好的武器。猫咪的指甲有很多层，每经过一段时间，里面就会有新的指甲长出来。此时，为了脱掉外层的老甲，猫咪需要在粗糙的表面进行抓挠来磨爪子。

我正在磨爪子

如果不经常给猫咪剪指甲，猫咪就可能总是抓挠。由于大部分家猫都生活在光滑的地面上，所以仅通过猫抓板很难去除老甲。如果放任不管，可能会造成指甲被挂住或折断，需要主人帮忙修理。尤其是后爪很难通过自己抓挠进行修理，所以需要主人定期修剪指甲。

这里属于我

猫咪的脚掌上有分泌汗液和激素的分泌腺。抓挠时会刺激分泌腺，将分泌物沾到墙壁和家具上，以标记领域。这也是猫咪特别喜欢抓挠新买的家具、墙纸和主人常坐的沙发的理由。而且，公猫的领域意识非常强，在有陌生人到访或来到新环境而产生压力时，抓挠可能会更加严重。

好开心

猫咪兴奋或开心时也会进行抓挠。吃得很香很饱的时候，在猫砂盆排便很通畅的时候，主人回家的时候等感到满足和高兴的瞬间，猫咪也会进行抓挠。主人外出回来的时候，猫咪经常会在主人的腿上抓挠，这也可以看作是一种高兴的表现。

稍微冷静一下

抓挠是猫咪具有代表性的安定信号之一。被主人训斥或突然听到巨大噪声而感到焦虑的时候，猫咪会用这种行为让自己冷静下来。

✓ 请在家中各处放置猫抓板

抓挠在猫咪的生活中有着非常重要的作用，所以建议主人在家中各处放置形态多样的猫抓板。你知道在哪个场所放置哪种猫抓板最合适吗？根据猫抓板的用途，有多种形态和材质，安装2个以上的猫抓板是最为理想的状态。

盒子型猫抓板适合放在卧室

四面有围挡的盒子型猫抓板适合放在猫咪睡觉、休息的卧室。盒子型猫抓板灰尘较少，因为纸屑不会掉到盒子外。

沙发型猫抓板适合放在客厅、窗边

沙发型猫抓板适合放在猫咪玩耍、观看窗外景色、休息的客厅。它的设计符合猫咪身体曲线，猫咪躺在上面非常舒服，也可以坐着看向窗外或观察主人。

立柱型猫抓板适合放在玄关、家具旁

如果猫咪经常抓挠墙壁或沙发等，请在那些地方放置立柱型猫抓板。这对那些试图爬窗帘的猫咪也有效果。而且在迎接主人回家时，猫咪也可以通过抓挠来尽情表达自己的喜悦。

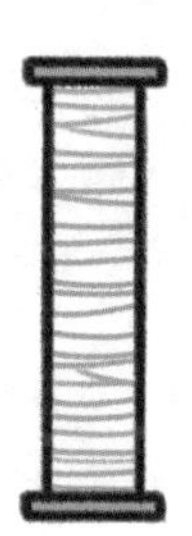

BEMYPET Tip

抓挠也可以是一种拉伸运动

猫咪为了热身而进行抓挠时，会像伸懒腰一样将前爪伸直，然后开始抓挠。据说，猫咪将前爪伸直进行抓挠，对放松紧张的肩膀和背部肌肉有奇效。

|专栏| 猫咪睡觉位置的秘密

猫咪总是睡在不同的地方，有时睡在窗边，有时睡在高高的猫爬架上。它们没有固定的地点，而是睡在当时自己满意的地方。猫咪这样更换睡觉位置的原因是什么呢？

猫咪更换睡觉位置的原因

猫咪更换睡觉位置的原因有很多，根据周围环境、心情和身体状态等会有所不同，大体上可以分为三种原因。

· 根据季节的温度变化调节体温
· 想在安全的地方睡觉
· 想在信赖的人身边睡觉

通过睡觉位置了解猫咪的内心

睡在窗边时

猫咪喜欢温暖的地方。如果猫咪睡在阳光照射的窗边，那就意味着它在享受暖暖的阳光。同时，还可以看到窗外的景色，对猫咪而言，这是一个能给自己带来乐趣的位置。建议主人在窗户附近放置供猫咪舒服休息的猫爬架或吊床。

睡在凉冰冰的玄关、洗手间地面上时

有时候我们可以看到猫咪睡在凉冰冰的玄关、洗手间的地面上。这种行为一般多在夏天看到，猫咪觉得热的时候，就会通过躺在凉冰冰的地方来调节体温。这时，建议主人将家中空调温度降低一点。

睡在高处时

猫咪睡在高处有两个原因。第一，室内温度过低，猫咪觉得冷的时候。因为温暖的空气会浮在上空，所以猫咪会想睡在高处。第二，家里来客人，猫咪觉得环境有些吵闹或感到焦虑的时候。因为猫咪认为高处更加安全，当周围的情况无法让它放心时，就经常会停留在高处。

和主人一起睡时

猫咪长大变为成年猫后，大部分都想要自己睡，但也有成年猫要和主人一起睡的情况。可以说，这样的猫咪都非常信任主人。更加详细的内容可以参考后面的第5章“猫咪内心说明书——致想成为猫咪喜爱的主人的你”。

猫咪内心说明书——致想成为猫咪喜爱的主人的你

猫咪用身体和主人说话

要是能和猫咪对话，那该有多好啊。也许正是因为很多主人都有这样的愿望，所以猫咪翻译器软件一度成为热门话题。其实还有一个方法可以比猫咪翻译器更好地了解猫咪的内心，那就是观察它们的“身体语言”。

前面我们也提到过主人需要注意的猫咪行为吧？这一节我们将综合介绍猫咪的身体语言，主要体现在猫咪的姿势、尾巴和耳朵上。

✓ 猫咪用身体说话

乍一看，我们会觉得猫咪面无表情。可是了解后就会发现，猫咪会通过眼睛、耳朵、尾巴上的动作以及叫声等多种方式和我们说话。虽然一开始很难掌握猫咪的身体语言，但只要我们不断地仔细观察，很快就可以懂得猫咪的心情和状态。

吭……

✓ 观察猫咪的姿势

将身体放低并蜷缩

这是一种恐惧、警戒的紧张状态。猫咪在突然遇到陌生人或认为情况危险时，就会以这种姿势将身体隐藏起来。此时它很害怕、不舒服，所以请不要靠近，保持一定距离，一直等到猫咪情绪稳定下来。

脚掌踩地蹲坐着

这意味着猫咪可以随时逃跑。这种姿势是在四只爪子都露出来的状态下，将身体趴低，稍微蹲坐。此时猫咪一旦感知到危险，就可以像弹簧一样弹出去，更加迅速地逃跑。

将身体和头倾向主人并盯着主人看

这表明猫咪的关注和好奇心。如果猫咪在这时没有产生警戒心，它就会慢慢靠近，嗅闻气味。这是猫咪认识到眼前并非敌人，在某种程度上感到安心的一个阶段。

露出肚子打滚

猫咪露出肚子、毫无防备地仰躺着的姿势，或把前脚收到整个身体下面的“面包”※姿势，这些都属于很难马上做出下一个动作的姿势。正因如此，这也表明猫咪信任对方。猫咪只有在心情舒畅时，以及在让它感到安全的空间里才会做出这些姿势。

✓ 观察猫咪的尾巴

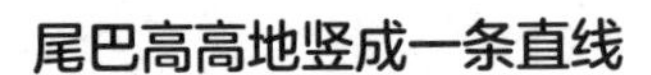

尾巴高高地竖成一条直线

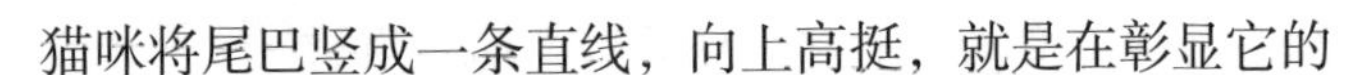

猫咪将尾巴竖成一条直线，向上高挺，就是在彰显它的

※ 猫咪趴着，蜷曲着身子，把腿往里卷，整体看上去就像一块面包一样。——译者注

自信和满足感，也表示心情很好，没有一丝害怕和紧张。如果这种情况下猫咪摇了摇尾巴，则说明它已经做好和对方进行感情交流的准备了。

尾巴低垂着

如果猫咪将尾巴放低，就意味着警戒性和攻击性，对应到人身上就类似于一种很严肃的状态。这种状态表明猫咪心情不好或心有不满，对对方有很强的警戒心。此时，猫咪要是把尾巴藏到两腿之间，意味着它感到了紧张和恐惧。这种情况下主人要及时了解猫咪害怕的原因，并加以解决。

嘭！炸毛的尾巴

要是猫咪的尾巴炸毛炸得像小浣熊的尾巴一样，则表明猫咪受到了很大的惊吓。猫咪感觉到危险的时候，就会尽可能地将自己的身体变大，做好战斗的准备，此时猫咪的尾巴就会炸毛。这种行为在小猫咪身上经常看到，长大变为成年猫后，几乎就不会出现了。但成年猫在玩狩猎游戏的时候，偶尔也会表现出这种行为，所以可以将它看作是因好奇心和狩猎本能引起的兴奋，而并非感到焦虑或恐惧。

“啪啪”快速晃动的尾巴

猫咪的尾巴快而有力地晃动或“啪啪”敲击地面是猫咪不舒服的信号，或是发出警告的行为。尤其是当主人亲近猫咪的时候，如果猫咪强烈晃动尾巴的话，则意味着主人应该停止自己的动作。

轻轻摇摆的尾巴

猫咪晃动尾巴也不全是否定含义。猫咪专注在某个特定物体上时，尾巴也会轻轻地左右摇摆。例如，猫咪玩玩具的时候，发现空中有灰尘或小虫子的时候，就会出现这种行为。

✓ 观察猫咪的耳朵

直立或朝向前方的耳朵

猫咪耳朵朝向前方或直直竖起来的话，表示的是自信、舒服、满足等积极的情绪。直立的耳朵也体现了猫咪的好奇心和兴趣，此时猫咪的胡须多半也是朝上或散开的。

紧贴脑袋或向后撇的耳朵

相反，猫咪的耳朵向后撇表示的是不满、愤怒、警戒、恐惧等消极情绪。尤其是猫咪在听到雷声或突如其来的噪声而感到害怕时，经常会出现这种行为。如果猫咪面向人、耳朵向后撇的话，这也可能是一种攻击信号。如果猫咪龇牙咧嘴，或将身体放低做出狩猎的姿势，应予以注意。

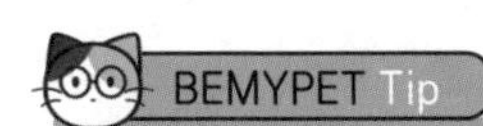

猫咪每时每刻都想要和主人进行沟通

我们常认为猫咪不擅长表达感情，但事实并非如此。它们会通过面部表情变化，尾巴、耳朵的动作，以及叫声等来表达情绪。要想成为最棒的主人，就让我们平时一边观察猫咪的行为，一边了解猫咪的内心吧！

让猫咪慢慢“融化”的身体接触秘诀

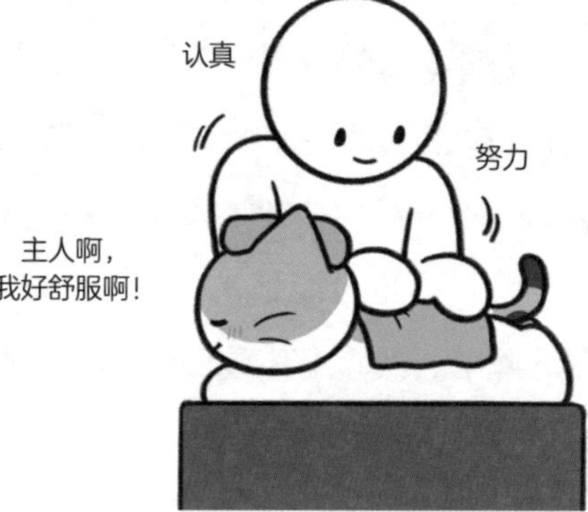

就算是面对自己的主人，猫咪也经常会躲避身体接触，所以猫咪给人留下了难以亲近的印象。但猫咪和主人之间的身体接触，是提升彼此间信赖的纽带，也是检查猫咪是否健康的重要一环。

为了猫咪的幸福和健康，我们来了解一下猫咪喜欢的身体接触方式和日常按摩方法吧。

✓ 猫咪喜欢的身体接触

猫咪的警戒心因个体性格的差异而有所不同，第一次见面最好按兵不动，先等猫咪靠近我们，而不是不管三七二十一地去抚摸猫咪。即便是猫咪非常喜欢的身体接触，没有信任基础的话，执行起来也十分困难。

温柔抚摸

顺着毛发的方向，用手掌轻柔抚摸猫咪整个背部，这是最基础的身体接触。猫咪背部有很多穴位，经常抚摸也算是一种按摩，所以在猫咪躺着或休息的时候，轻轻摸一摸它吧。

挠一挠下巴周围

温柔抚摸或用手指尖挠一挠下巴附近，这是猫咪最喜欢的身体接触。如果猫咪闭上眼睛或发出咕噜咕噜的响声，则表明它现在非常舒服。

揉搓耳朵

猫咪的耳朵上汇聚着很多穴位，轻轻地抓住或揉搓耳朵尖，都算是一种简单的按摩。但注意不要太过用力拉拽，而是以拇指和食指轻轻抓住耳朵，来回揉搓。一边观察猫咪的表情，一边调整力度。

轻拍尾椎附近

这是一种常见的身体接触，俗称“拍屁股”。因为猫咪的尾巴与背部相连的股骨部位神经较为密集，猫咪非常喜欢有人轻拍或抓挠这个部位。抚摸猫咪整个背部后轻拍尾巴周围，猫咪就会翘起自己的屁股。但太过用力拍打，猫咪可能会过度兴奋而进行攻击，建议轻轻拍打。

身体接触的时机很重要！

猫咪专注于吃饭、舔毛或游戏时，请尽量避免身体接触。因为在猫咪看来，你在限制它的行为，这可能会带给它压力。在猫咪很放松地躺着休息时，或用身体蹭你撒娇的时候，就是接触它的好时机。

有一种专为猫咪面部设计的按摩法。猫咪面部有许多控制神经系统的穴位，如果我们经常按摩其面部周围，不仅可以帮助猫咪缓解压力，安抚它们，同时还可以增加自身的幸福感！那就让我们来了解一下猫咪面部按摩法吧！

CHECK **猫咪面部按摩法**

1. 以拇指和食指沿着毛发方向，揉搓眉间。

2. 以手掌轻柔触摸，从眉间正上方到后脑勺的位置。

3. 以拇指在眼睛上下，从内到外轻轻地进行抚摸。

4. 用拇指向下轻扫，抚摸从下巴正下方附近到胸口的位置。

5. 轻轻捏住脸颊的肉，向外轻拉再聚拢。

✓ 通过身体接触检查猫咪的健康状况

与猫咪的身体接触，在掌握猫咪的健康状况方面起着至关重要的作用。

抚摸面部周围时

①头部　确认是否有皮炎造成的斑点、脱毛、肿包、伤口等。如果是多猫家庭，猫咪间玩耍或打闹时可能会造成伤口。猫咪面部周围的皮肤尤为娇嫩，需仔细观察。

②耳朵　确认是否有耳螨或耳垢。为防止耳垢过多，请定期使用清洗液清洗并用棉花擦拭。耳朵内部发红或猫咪经常抓挠耳朵导致伤口出现时，有可能是猫咪生病了，需要去医院进行诊疗。

③眼睛　确认是否有泪痕或眼屎。给猫咪擦眼屎的时候，请用温水将纸巾浸湿后，轻轻擦拭。猫咪的眼角膜发白或发红的话，有可能是角膜上有伤口或患上了角膜炎，建议前往医院治疗。

④鼻子和嘴　健康猫咪的鼻子是湿润且凉凉的。如果猫咪鼻子变得干燥或发烫，就要怀疑是否有脱水、发热的情

况。另外，如果猫咪流口水或突然有口臭，则可能是患上了口腔疾病。正常猫咪的牙龈为淡粉色，如果牙齿周围过红或没有血色，就需要去医院进行诊疗。

抚摸身体时

①腰部　抚摸猫咪腰部的同时，可以确认它们的肥胖程度。从背部上方抚摸时，如果摸不到脊柱和肋骨，则猫咪大概率属于肥胖。除肥胖外，突然的消瘦也是十分危险的。抓住猫咪背部皮肤，如果回弹的速度很慢，则有脱水的可能性。

②肚子　抚摸猫咪肚子时，确认是否有硬结或肿块，是否有掉毛或毛发打结的情况。肚子是猫咪最大的弱点，很多猫咪都不喜欢被抚摸肚子，请不要强行抚摸。如果猫咪比平常更讨厌被摸肚子，可能意味着它感受到了疼痛，需要多留意。

抚摸腿部时

①前后腿　轻柔抚摸，在放松猫咪腿部肌肉的同时，确认猫咪的关节或肌肉是否感到疼痛。猫咪喜欢高处，所以经常有崴脚或骨折的风险，需时常关注。

②指甲　确认猫咪指甲是否过长或开裂，并定期修剪。如果指甲过长，就可能会开裂，并出现伤口。尤其是多猫家庭，猫咪之间的打闹很容易造成受伤，请多加留意。

每只猫咪喜欢被抚摸的部位都不同

一般来说，猫咪都喜欢被拍尾椎，但偶尔也有猫咪不喜欢。所以尝试抚摸耳朵或下巴等其他部位，掌握猫咪的喜好是十分重要的。如果猫咪不喜欢哪种抚摸，请不要强制进行，而是以喜欢的抚摸为主。

猫咪叫声的含义，它们在说什么呢？

猫咪的叫声乍一听好像都差不多，但其实还是有差别的。只是我们很难分辨出其中细微的差异，所以要仔细观察猫咪在发出叫声的同时在做什么样的行为。叫声有可能只是单纯的肚子饿或想要一起玩的意思，但也有可能是生病的信号，主人要多加留意。那么不同的猫咪叫声到底表达的是什么意思呢？

✓ 猫咪叫声的含义

发情期的叫声“啊呜啊呜”

猫咪如果没有绝育，到了发情期就可能发出“啊呜啊呜”的叫声，也被称为“calling”。通常，发情期的母猫会为吸引公猫而发出叫声。公猫为了回应母猫，也会一起叫。此时的叫声与人类婴儿的啼哭声类似，特征是高亢响亮。

有需求的叫声“喵～呜”

猫咪盯着主人发出“喵～呜”的叫声，多半是有所求。这是猫咪最为常见的叫声，在要吃饭和玩耍的时候，或猫砂盆脏了的时候，用来表达不满或需求。猫咪如果发出“喵～呜”的叫声，请依次检查水碗、饭碗及猫砂盆是否干净。

高兴的叫声“喵嗷！”

如果猫咪在主人腿边蹭来蹭去，同时发出“喵嗷！”“喵～”的短促叫声，说明猫咪很高兴、很开心。在欢迎主人回家或需要关注时，猫咪经常会发出这种叫声。有时候叫猫咪的名字，猫咪也会像应答般发出这种叫声。

兴奋的叫声“咔咔咔”

猫咪有时候会嘴巴微张，发出“咔咔咔”的奇怪叫声。这是一种呢喃（chattering），在发现猎物时会本能地发出，一般表达的是兴奋和感兴趣，也可能是抓不到猎物的挫败感或烦闷。

愤怒的叫声“嘶！”“哈！”

这种叫声也被称为“嘶哈声”，猫咪在感到愤怒、恐惧或状态不好而露出攻击性时就会发出这种声音，这也是猫咪警告陌生的人或猫不要靠近的防御表现。当猫咪受到惊吓或感到恐惧发出嘶哈声时，最好不要再继续靠近，离开猫咪。如果平时很温顺的猫咪发出嘶哈声，那可能是想要隐藏身体上的疼痛，建议带它去医院进行诊疗。

休息的叫声“咕噜咕噜”

这是猫咪颈部周围发出的一种类似振动的声音，也叫做“咕噜声”。一般猫咪多会在休息或安稳状态下发出这种声音，但偶尔也会在焦躁不安时，为了安抚自己而用作安定信号。

疼痛的叫声“啊！”“嗷！”

猫咪如果发出悲鸣般的短促叫声，可能是在表达自身的痛苦。猫咪在被踩到尾巴、被其他猫咪咬了、被摸到疼痛部位的时候都会发出这种叫声。要是听到猫咪在猫砂盆周围发出悲鸣声，情况可能较为危急，请马上前往医院。

满足的叫声“嗷嗷”“嗡嗡”

猫咪一边吃饭一边发出“嗷嗷”声，说明猫咪觉得很美味。这种现象在幼猫身上比较常见，一般吃到非常好吃的零食时也会发出这种叫声。

低声呻吟般的叫声“呜～”“呜嗷～”

猫咪如果发出“呜～”“呜嗷～”等低声呻吟般的叫声，说明健康状态不好或感到焦虑。特别是在没有任何威胁的情况下，如果猫咪将身体蜷缩起来，毛发炸立的同时发出呻吟般的叫声，这很可能是猫咪感到疼痛的一种表现，请带猫咪去医院进行诊疗。

呜～呜嗷～

悲鸣般的叫声“嘎啊！”“嘎！”

“嘎啊！”“嘎！”这种悲鸣声多半是猫咪感到疼痛发出的叫声，这并不常见，所以猫咪一旦发出这种声音，主人应该立刻上前确认。可能会出现一些危急情况，如猫咪从高处掉落崴到脚，或被绳子、塑料袋勒住了脖子等。

在猫砂盆边发出叫声

猫咪一边在猫砂盆周围打转一边嚎叫，或排泄时发出叫声，很可能是与疾病有关。猫咪很容易患泌尿系统疾病，所以当它们上厕所感到不适时，请尽快带它们去医院进行诊疗。

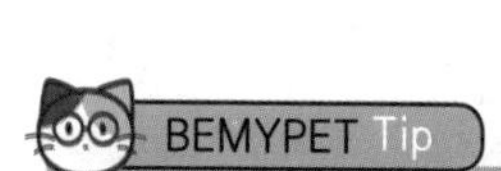

猫咪发出叫声的多种原因

野生猫咪不在发情期，是很少会叫的，大部分是通过摇动尾巴、动作或眼神来代替叫声进行沟通交流。但它们在幼猫时期经常会发出叫声，这是为了告诉猫妈妈自己的位置，或寻求帮助。

与人类一起生活的家猫为了和主人进行交流，经常会发出叫声。所以猫咪如果发出叫声，你应该试着找出它叫的原因。

夸奖会让猫咪感到幸福

有人说“猫咪无法被驯服”。因为猫咪的习性是一旦接触到不喜欢的东西、感到不舒服或害怕，就会想要躲避或将自己隐藏起来。但就像我们前面提到过的，在猫咪做出翻动垃圾桶或打碎东西等危险行动时，是需要批评的，而遵守规则时是需要夸奖的。当然，猫咪是听不懂人类语言的。不过，它们能快速察觉人类的情绪状态，很清楚主人是在批评自己还是夸奖自己。

✓ 猫咪需要夸奖的原因

猫咪是很独立的动物，并不会觉得主人的夸奖很重要。相反，它们只是对主人夸奖自己时的心情、给予的关注和爱意感到满意。因此，主人经常夸奖猫咪，可以提升猫咪的满足感和自信，同时与猫咪建立起更加深厚的信任关系。

✓ 夸奖猫咪的方法

以适当的奖励配合夸奖

例如，在给猫咪剪指甲、洗澡、刷牙时，如果猫咪表现得很好，就请夸奖它，同时喂一些小零食。不断重复这种做法，那么即便主人偶尔做了猫咪不喜欢的行为，猫咪也会很有耐心地坚持下来。

立刻夸奖

夸奖猫咪的时机非常重要。出现问题行为时要立刻教育，行为停止时要立刻夸奖。如果过了一段时间后再夸奖，猫咪会搞不清楚自己为什么被夸奖。重点是告诉猫咪夸奖是一种正向体验，以及怎么做才能被夸奖。

以夸张的表现方式进行夸奖

请以夸张的表现方式夸奖猫咪，例如一边抚摸猫咪一边以较高的音调说“做得好！”“你真棒！”如果不断重复固定的音调和词语来夸奖猫咪，猫咪就会明白什么是夸奖的表现方式。

配合猫咪的喜好进行夸奖

根据猫咪的特性和喜好去夸奖猫咪也十分重要。如果是喜欢与人亲近的猫咪，我们可以通过拥抱和抚摸来夸奖；如果是不喜欢与人亲近的猫咪，则不会喜欢这种夸奖方式。同样的，喜欢吃东西的猫咪就以喂零食的方式夸奖，喜欢玩狩猎游戏的猫咪就以陪伴玩耍的方式夸奖。

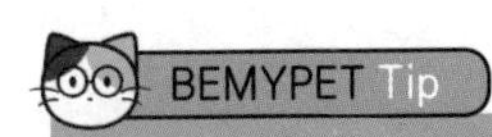

夸奖会让猫咪变聪明

在与猫咪共同生活的过程中，夸奖是必不可少的。夸奖可以让猫咪知道在家里要遵守的规则，还可以帮助猫咪和主人建立联系，让猫咪感到自信和幸福。不要吝啬夸奖在家乖乖度过一天的猫咪哦！

猫咪睡觉的姿势也有很多含义

猫咪的一生中几乎一半的时间都在睡觉，这就足以说明猫咪需要很长的睡眠时间，睡眠是提高猫咪生活质量的重要因素。你知道吗，猫咪睡觉的姿势也有很多的含义。根据心理和身体状态的不同，猫咪会有各种各样的睡觉姿势。那么猫咪不同的睡觉姿势都有什么样的含义呢？

✓ 猫咪睡觉的姿势

脚掌贴在地面上睡觉的姿势

这种姿势有一半的身体看起来像站着，在警戒心很强的猫咪身上经常能看到。因为这种姿势是随时都可以逃跑的姿势，所以很多时候猫咪都睡得很浅。我们经常能看到流浪猫以这种姿势睡觉。

与这种姿势相比，猫咪前脚向身体内侧折叠的“面包”姿势，是一种更加放松的状态，但是“面包”姿势也不是完全放松的姿势，你可以认为它还留有一定的警戒心。如果是家猫的话，天气冷的时候也会以“面包”姿势睡觉。

鹦鹉螺姿势

猫咪把身体卷成一团，把脸贴到屁股一侧，弯着身子睡觉像鹦鹉螺一样。由于这种睡觉姿势会把头部弯曲，脚离开地面，因此猫咪的警戒心较弱。在稍微凉快一点的空间里经常可以看到这样睡觉的猫咪，这表示猫咪想独自待着，不想被打扰。如果猫咪以鹦鹉螺姿势睡觉的话，需要调节好室内的温度，让猫咪独自睡个好觉。

遮住眼睛睡觉的姿势

猫咪用前爪遮住眼睛或把脸埋在地上，这种睡觉姿势表示它觉得光线很刺眼。为了让猫咪能够熟睡，请关掉房间里的灯光，给它营造一个舒适的休息氛围。

四肢伸直的姿势

猫咪伸直四肢睡觉表示它觉得安心舒适。由于猫咪全身舒展开来，说明它此时警戒心很弱。如果在换被子的时候，它以这种姿势睡觉，就表示对被子的触感很满意。如果把身体伸直贴在墙上，表示它很热，请降低房间的温度。

屁股朝向主人的姿势

如果猫咪睡觉的时候屁股朝向主人，说明它对主人的信任度很高，也可能是它希望主人守护在它身后。如果在野外，被攻击后背对猫咪来说是很致命的事。

✓ 和主人一起睡觉的猫咪的特征

虽然大部分的猫咪喜欢独自睡觉，但也有猫咪喜欢和主人一起睡觉。特别是那些从小就和主人一起生活的猫咪，它们会把主人当成自己的妈妈，很喜欢和主人一起睡觉。

在主人脸附近睡觉的猫咪

如果猫咪与主人有很深的信任感，并且很爱向主人撒娇，就有可能睡在主人的脸附近。特别是当猫咪睡觉时将屁股对着主人的脸，意味着很高的信任度。

睡在主人被窝里的猫咪

这种表现意味着猫咪没有警戒心，可以接受进入被窝这个黑暗的空间睡觉。猫咪喜欢安定的感觉，同时又很怕冷，所以喜欢待在猫窝或箱子等密闭的空间里。

睡在主人腿间或脚底的猫咪

很有可能是猫咪想和主人一起睡，但又不喜欢别人摸自己，是一只不耐烦的猫咪。相对来说不那么喜欢撒娇，是独立的性格。

不睡在主人床附近的猫咪

猫咪是不喜欢集体生活的动物，所以习惯了独自生活。在成年之后，它们很自然地喜欢独自睡觉。如果你的猫咪是喜欢独自睡觉的猫，就意味着它的自立心和独立倾向较强。

√ 猫咪的睡觉习惯取决于身体状态

猫咪不同的睡觉习惯取决于不同的身体状态。下面给大家介绍一下需要注意的猫咪睡觉习惯。

一天到晚只睡觉

每只猫咪会有些许差异，一般成年猫咪平均每日睡眠时间约为14个小时。如果猫咪的睡眠时间比平时长，活动量减少，没有力气的话，就需要赶紧带它去医院了。猫咪生病是不会表现出来的，睡觉时间变长可能就是生病的信号。

睡觉时呼吸与平时不同

如果猫咪与平时不同，睡觉时打呼噜或发出鼻塞的声音，就可能是生病了。平时应该记录猫咪健康时的呼吸方式和呼吸频率，如果发现有变化最好带它们去看医生。

躲起来睡觉的时候

如果猫咪与平时不同，躲起来睡觉，可能是因为受伤或生病。这时如果出现呼吸急促或张嘴呼吸，就可能是紧急情况。请仔细观察猫咪的食欲、活力、排便等是否有异常情况。

当睡眠时间急剧减少时

如果猫咪的睡眠时间比平时急剧减少，晚上也突然跑来跑去，活动量增加，就有可能患上了甲状腺功能亢进症。7岁以上的猫咪经常会患这种疾病，出现活动量和食欲突然增加、体重急剧降低的症状。

昼夜颠倒时

猫咪如果昼夜颠倒，一到晚上就直叫唤，有可能是患上了痴呆症。随着睡眠模式的改变，它们会在本应睡觉的时候却四处走动，或者晚上每隔1～2小时就突然大声叫唤。这时它们可能会出现一直跟着主人，或经常停止行动并发呆的情况。

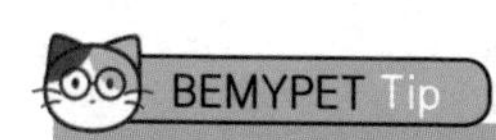

如果你想跟猫咪一起睡

首先，你要得到猫咪的高度信任。坚持陪它玩狩猎游戏、打扫猫砂盆等，从而取得猫咪的信任。其次，检查一下自己平时的睡眠习惯是否良好。再次，调整睡眠时间也很重要。如果猫咪和主人的生活方式太不一样的话，可能很难一起睡。最后，不要在猫咪睡觉的时候摸它，猫咪会觉得你在妨碍它睡觉。

猫咪忽然咧嘴或撕咬的原因是什么?

猫咪和平时一样玩得很好，但突然就会咧嘴或撕咬，主人不知道是怎么回事，既惊慌又委屈。事实上，这并不是因为主人做错了什么。猫咪突然咧嘴或撕咬并不一定意味着要攻击，这种行为其实有很多原因，我们一起来了解一下吧。

✓ 猫咪为什么忽然咬来咬去的？

牙齿好痒！

小猫出生2周后开始长乳牙，出生3～7个月开始长恒牙并开始换牙。这时乳牙脱落，恒牙长出，牙齿和牙龈非常痒，猫咪遇到什么都想咬一口。如果小猫想咬主人的手或脚，可能是因为换牙，并不是为了攻击。这时与其责骂小猫，还不如为它准备一些可以用来啃咬的柔软材质的垫子或玩偶。

好开心啊！

如果在猫咪小的时候，主人把手或脚放到猫咪嘴里玩的话，即使长大后，猫咪的这个记忆也会延续下去。它们会认为咬和抓是一种游戏。为了预防这种情况的发生，从小猫崽的时候开始，主人就不应该把身体给它玩，而应该使用玩具。一旦养成习惯就很难改了，所以要注意。

有点烦躁！

猫咪在被抚摸或拍屁股的时候，似乎很享受，但有时也会突然就发起攻击。它的意思是说，现在已经满足了，不要再摸了。一般猫咪在咬人之前会快速摇尾巴，或者用尾巴

“啪啪”地拍地板。猫咪先用这些行为来表达，所以准确读懂猫咪的身体语言是很重要的。

这个程度没问题吧？

小猫从出生到6个月大为止，需要和猫妈妈、猫兄弟姐妹一起成长，这是一个经历社会化的过程。此时，在互咬的过程中，它们会学到“原来被咬就会疼”“咬得太狠是不可以的”。但如果在经历社会化过程之前就离开了猫妈妈的话，小猫很难学会掌控力量的方法，可能会觉得“我咬到这个程度应该没问题”，然后就忽然咬下去了。

我一定要抓住！

猫咪是在野生环境中捕猎昆虫和小动物的食肉动物，这个本能在其成为家猫后还会保留。主人肉眼看不见的小虫子或灰尘，主人衣服上的线头或头发都可能激发猫咪的狩猎本能，让猫咪突然跳出来咬主人或攻击主人。

好疼啊！

如果猫咪与平时不同，表现出特别具有攻击性的行为，并出现咬人或紧咬不放的情况，有可能是疾病或受伤引起的疼痛所致。这种情况下，猫咪会想躲到角落里，或者当主人靠近的时候主动避开。如果过了一段时间猫咪还没有安静下来，就需要去看医生了。

✓ 猫咪总咬来咬去，应该如何应对才好？

如果被猫咪咬伤，一不小心伤口就会感染，还有可能引发破伤风、败血症等严重疾病。所以必须知道正确的应对方法。

观察猫咪攻击前的行为

在猫咪攻击之前，能看到它特定的行为。它会像狩猎一样，低下身子，张开瞳孔，耳朵向后撇。我们需要观察猫咪做了什么样的动作之后发起攻击，看到猫咪的预示动作时，就要离开所在位置。

无视它，直接离开

猫咪突然兴奋的时候最好不要理会，和它保持距离。为了哄猫而去摸它或抱它的行为是要不得的，那样反而会让它咬得更厉害。另外，为了缓解它的心情而给零食也是要不得的，因为这会让猫咪认为攻击可以得到补偿，从而产生相反的作用。所以在猫咪冷静下来之前，别去管它，直接无视它。

避开眼神，不去抚摸

在猫咪兴奋的时候，不要和它对视，可以去看别的地方。在猫咪的世界里，四目相对是一种要打架的行为，猫咪会进入战斗状态。

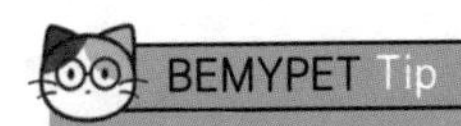

猫咪的攻击性取决于它的社会化时期

猫咪的社会化时期是出生后约6个月。如果可能的话，最好在这个时期给猫咪制订规则并进行训练。和小猫崽一起生活的话，要注意不要让它在这个时期养成咬人的习惯。

猫咪生病的信号

猫咪有不表现出病态的习性，这就导致主人经常察觉不到猫咪得病了。所以主人平时要密切关注猫咪的行为和状态，这一点很重要。

前几个章节通过猫咪的行为阐释了它的心情、需求、身体状态等。这一节让我们来介绍一下猫咪生病时的求救信号。

✓ 猫咪可能生病的13个特征

如果每天早晨叫醒你的猫咪突然安静下来，或对喜欢的玩具、零食提不起兴趣，那就需要留意了。细小的变化可能是疾病的信号。那么猫咪生病时的典型表现是什么呢？

食欲的变化

虽然之前一直强调这一点，但是还得再次提醒，如果猫咪突然食欲减退，经常剩下饲料的话，绝对不能掉以轻心。如果它对饲料没有什么反应，就给它最喜欢的零食；如果它对最喜欢的零食也不满意或者依然剩下，那就一定要去看医生。猫咪如果饿上几天，就有患脂肪肝的风险，所以要尤为注意。相反，食欲突然大增也是健康风险的信号，要多加注意。

呕吐

对猫咪来说，呕吐和吐毛球一样，是很自然的现象，不用太担心。但也有很多猫咪是生病呕吐，所以要多加注意。如果除了呕吐之外没有其他症状，精神状态也正常的话，很多情况下是自然的生理现象。请参考表6。

· **表6** 猫咪呕吐的各种症状

呕吐症状	症状的含义
吐毛球	猫咪用舌头舔身体梳理毛发时，不可避免会将毛发吃进肚子里。它们通常会通过排便排出，但也会把肚子里缠绕的毛发吐出来，这一现象被称为“吐毛”。猫咪一个月吐一两次是很自然的现象，请不要担心；但如果呕吐的频率过高，就需要让医生检查一下了。
吐出未消化的饲料	猫咪吃饭吃得太快或过饱时可能会吐饲料。如果猫咪有暴饮暴食的习惯，请分多次给它喂食，或准备水分含量高的饲料，也推荐使用慢食碗。
吐出黄色或透明的液体、白色泡沫	猫咪吃饭间隔时间太长，胃空得太久，导致吐出胃液或胆汁。在这种情况下，按照现有的量喂食，增加喂食次数就可以解决问题。
吐出粉红色或浅红色的液体	可能是胃、食道、牙龈等出血，或有蛔虫感染，也可能因为其他异物导致呕吐。需要确认呕吐物中是否含有虫子或其他异物，然后找医生检查。
吐出深红色或褐色的液体	这是需要立即到医院处理的紧急情况，可能是胃、十二指肠溃疡导致的出血。在这种情况下，呕吐物会散发出恶臭，还会夹杂着咖啡渣样子的异物。
除了呕吐外还伴随其他症状	即使呕吐没有特殊状况，如果食欲不振，排便状态、饮水量和体重有变化，也需要找医生仔细检查。

体重的变化

如果猫咪的体重在短时间内下降超过5%，就意味着出现异常。猫咪有毛，我们凭肉眼很难察觉它们体重的变化，如果用肉眼都能察觉到猫咪瘦了的话，那可能已经处于危险状态了，所以最好是定期在家里给猫咪检查体重。同样地，猫咪如果突然长很多肉也对健康不好。肥胖不仅对人类不好，也会给猫咪带来多种并发症，所以要让猫咪保持适当的体重。

活动量的变化

一只无精打采、活动量减少的猫咪可能看起来像是在休息，但如果与平时相比，它长时间躺着或睡眠时间变长，就要注意是不是身体健康亮起了红灯。这时，即使猫咪醒着，它的脚步也会变慢，对玩具也不会有太大反应，与平时不同，它更愿意躲在角落里。

饮水量或小便量出现变化

猫咪忽然大量饮水，或者大量小便，都可能是疾病导致的。特别是猫咪很容易患上肾病，所以平时一定要检查猫咪的饮水量和小便量。如果患病，猫咪不仅仅是单纯地大量喝水，而是不离开水碗左右，或者喝水喝到脸上湿漉漉的。

排泄物的变化

猫咪的大小便是评价健康的重要指标。在平日里，需要了解猫咪健康时大小便的量和状态、排泄姿势和时间等，这样在出现问题时容易察觉。如果猫咪长时间在猫砂盆里不出来，或在猫砂盆附近叫唤，一直进出猫砂盆的话，就有可能患上了尿道疾病，要尽快到医院进行检查。

猫咪出现腹泻有可能是吃错东西、中毒、肠道炎症等引起。如果腹泻是暂时性的，一般没有太大问题，但如果反复2次以上，就要带它去医院。去医院前要拍下猫咪腹泻状态及排泄物的照片，对诊断有帮助。

CHECK 猫咪上厕所的求救信号

- □ 在猫砂盆里发出大的叫声，或排泄姿势很不舒服。
- □ 突然间在猫砂盆以外的地方小便。
- □ 小便量和小便频率发生变化。
- □ 小便的颜色和气味发生变化。
- □ 出现腹泻，大便颜色发生变化。
- □ 虽然总去厕所，但排泄不出任何东西。
- □ 不想离开厕所（排便需要很久）。

呼吸的变化

猫咪和狗狗不同，一般不张嘴呼吸。如果猫咪在没有做剧烈运动的情况下，仍然张嘴“呼哧呼哧”地急促呼吸，或者呼吸短而粗，那可能是一种非常不舒服的状态或疾病引起的紧急状况。

猫咪的呼吸频率可以在它放松或休息的状态下，通过胸部或肚子的上下起伏来判断。猫咪的心跳频率可以通过感受后腿内侧与腹股沟交汇处的股动脉脉搏来测量，只是操作起来有点难度。在狩猎游戏或上下猫爬架等活动量增加时，猫咪的心跳频率和呼吸频率就会提高。

- 平均呼吸频率为1分钟20～30次
- 平均心跳频率为1分钟150～180次

※ 呼吸一次：胸部上下起伏一次。

※ 小猫崽的呼吸频率和心跳频率会比平均值略快。

体温的变化

猫咪的体温与正常体温相比下降或升高都是健康异常的信号。猫咪的体温主要是通过在肛门里放入体温计来测量，如果在体温计末端沾上凡士林插入的话，测量起来会更容易一些。抬起猫咪的尾巴，慢慢将体温计放入肛门内2.5厘米左右。猫的正常体温为37.6～39.5℃，略高于人类。还有一种更简单的方法，就是摸一下猫鼻子，鼻子干燥也可能意味着猫咪的体温高于正常值。

眼睛、鼻子和耳朵的变化

如果猫咪忽然流眼泪或鼻涕，可能是由于上呼吸道感染，即疱疹病毒感染引起的。这在多猫家庭环境中，很容易传染给其他的猫咪，所以最好尽早就医。另外，春季的灰尘、花粉过敏及食物过敏等都会让猫咪流眼泪或鼻涕，要仔细观察。如果猫咪耳朵里有很多耳垢或脓水的话，可能是出现过敏反应、细菌感染，或有螨虫等寄生虫。如果放任不管的话，猫咪抓伤后会影响耳鼓膜，所以初期治疗很重要。

黏膜颜色的变化

如果猫咪的牙龈、耳朵内侧或脚掌的颜色发生变化，那么可能是身体状态出现问题。

第一，牙龈正常的颜色是浅粉色，如果牙龈周围发红或出血，有可能是口腔疾病所致。牙龈变蓝意味着因氧气不足而发绀，需要马上去医院。第二，耳朵内侧和脚掌的血色变浅，就是贫血的信号。在这种情况下，请确认后脚的温度是否变凉。如果后脚冰凉的话，有可能是血栓，也可能意味着低体温症，是非常紧急的情况。这时要检查室内温度，如果没有异常，要为猫咪取暖，让其体温上升。如果还是得不到解决，那就有必要去医院检查了。

叫声的变化

如果猫咪与平时不同，忽然大声或频繁叫唤的话，就要仔细观察它的状态了，可能是哪里不舒服或者压力过大导致的。猫咪叫唤表示出现了什么问题或者有什么要求，需要找到原因之后进行解决。

舔毛的变化

如果猫咪只舔特定部位，有可能是舔的部位疼痛或有过敏、皮肤炎等。过度地舔毛会导致脱毛，但如果猫咪完全不舔毛的话，情况就更紧急了。

性格的变化

猫咪的性格忽然大变的话就需要注意了。如果猫咪对主人过度撒娇，可能是出现了分离焦虑的症状；反之，如果猫咪出现极端攻击性，可能是健康方面出现了问题。猫咪也会像人类一样，由于衰老导致认知障碍，也就是痴呆的症状。此时，猫咪的性格可能会与以往不同，需要细心观察。

CHECK **以下可能是紧急状况哦！**

- ☐ 不舔毛了。
- ☐ 瞳孔放大，发呆。
- ☐ 把握不好平衡，走路摇摇晃晃，容易摔倒。
- ☐ 两侧瞳孔大小不同。
- ☐ 与平时相比，走路歪斜或头向一边倾斜。
- ☐ 呼吸时张开嘴或发出各种各样的声音。
- ☐ 无精打采，牙龈苍白。
- ☐ 后腿不能使用。

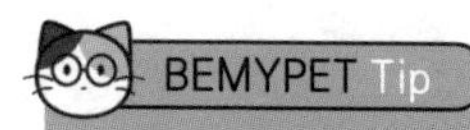

猫咪生病时也会发出信号

为了察觉猫咪生病时发出的信号，平时要仔细确认猫咪的体重、饮水量、大小便状态，并仔细观察猫咪的习惯和兴趣等。

为了猫咪和主人每天都能过上幸福的生活

猫咪作为宠物受到很多人的喜爱，甚至还流行过“没有一只猫能独自存在”这样的话。

让猫咪和主人在彼此的陪伴下都能拥有幸福的生活，什么是最重要的呢？我想应该是“想要一起生活的心态”。因为和猫咪生活在一个空间里，猫咪那些无法预知的行为、无法理解的挑剔会对主人的心灵和生活产生很多影响。所以要评估一下把猫咪带回家以后，你的生活会有哪些变化，并做好心理准备。一旦猫咪到家之后，你就必须履行职责！

✓ 猫咪是需要照顾的小孩

你可以把猫咪想象成一个需要父母帮助的孩子，每天都需要照顾。每天要为它们准备三餐和水、打扫猫砂盆、刷牙、梳毛，陪它们玩狩猎游戏等，这些都是基本中的基本。根据猫咪的行为或性格的不同，主人的生活方式也会有所不同。有的猫咪在深夜乱叫，有的猫咪每天一大早叫醒主人，还有的猫咪把家里的各个地方都粘上了毛，需要主人经常打扫。主人还要经常检查猫咪的行为和健康状况，生病的话要带它去医院。

这还没结束！猫咪和狗不同，把它寄养在别的地方并非易事，所以主人要想去旅行是很困难的。如果你想搬家的话，那些不让养宠物的地方，都应该排除在选项之外。就像上面说的，养猫不仅需要很多时间和精力，而且定期支出的费用也不少。

✓ 猫咪不是玩偶

把猫咪当作一个完完全全的生命体是很重要的。我们有时候会把猫咪当作玩偶一样，觉得它们静静地待着非常可爱，从一开始就期待着猫咪对主人充满爱和信任。但是猫咪并不是一开始就无条件地喜爱主人。

猫咪的性格各不相同。在社交媒体的视频中，我们经常看到深情望向主人的猫咪，也被人们称为“狗猫咪”※；还会看到非常高傲、对主人漠不关心的猫咪；还有一些猫咪小时候是“狗猫咪”，成年后性格也会变得截然相反。

遇到高冷的猫咪，很多主人都感到很委屈。“我给你喂饭、清理厕所，做了这么大的牺牲，你怎么还这样对我？！”严重的时候还会萌生讨厌猫咪的心理。虽然听起来很可笑、很不负责任，但这是新手主人们最常坦露的苦恼之一。

但是这样的情况并非仅仅主人委屈，猫咪也很委屈。因为对家人往往是不讲付出和回报的。就像对父母来说，不管子女怎么惹事，也不会放下爱他们的心及培养教育他们的责任一样，对猫咪主人来说也是一样的。

※ 指黏人的猫咪，因不像普通猫咪那样高冷，而像狗一样喜欢与人亲近而得名。——译者注

✓ 走近猫咪的内心

既然选择了猫咪作为一个生命进入你的家庭，就需要接受猫咪的性格和行为，用猫咪的语言去理解它。

每只猫咪的性格都不一样，有的猫咪讨厌身体接触，有的猫咪特别挑剔，还有的猫咪容易打碎各种东西让人操心。所以我们有必要去了解以下这些事项：一是猫咪的这些令人无法理解的行为从猫的角度来看，都是些无足轻重的事情；二是给猫咪制订生活的规则并教育它们是我们的责任；三是和猫咪之间的情感往来可能和我们的期待有所出入。以这种心态和猫咪在一起生活的话，猫咪和主人都可以享受充满幸福的陪伴生活。不仅如此，每天与一个生命在沟通，可以感受到爱和安慰，还有责任感，让我们成长为更好的人。

正在读这本书的你，如果也和猫咪一起生活的话，现在就请告诉猫咪：我爱你。如果你即将领养猫咪，那就真心期待你和未来的伴侣猫咪每一天都能幸福。

|专栏| 我作为主人能得几分?

养一只小猫，也就意味着家里多了个新成员，可不是买了个东西那么简单。所以养猫之前，需要自我检查一下是否已经做好饲养的准备。接下来将给大家介绍与猫咪性格合拍的主人，以及不适合养猫的人。看下面的内容，自我检查一下是否有不足的地方。另外，我们还会告诉大家成为一名好主人的秘诀哦。

和猫咪合拍的主人是什么性格？

冷静又从容的人

猫咪是敏感的动物，很容易被巨大的声音、动作、行为吓到。因此，与急性子、来去匆匆的人相比，冷静而从容的人更容易和猫咪合拍。说话的时候比起大声嚷嚷，温柔地慢慢沟通更好。

酷酷的人

大部分的猫咪都不喜欢被过度干涉，讨厌一个劲儿地身体接触。猫咪喜欢那些让它们独自休息、不去管它们的人。所以，比起那些因为喜欢而过度纠缠猫咪的人，懂得保持一定距离的酷酷的人更有可能和猫咪合拍。

宅家一族

比起喜欢在外面打发时间的人，喜欢宅在家的人和猫咪更合拍。猫咪也会感到孤独，如果和主人分开的时间过长，状态就会不好甚至患上抑郁症。虽然单纯地和猫咪待在一起固然很好，但陪猫咪尽兴地玩也很重要。

喜欢安定胜于变化的人

猫咪会因为环境、情况的变化，或者遇见陌生人而感到有压力。因此猫咪会更喜欢尽可能不搬家、住所固定的人，以及在家具布置上不会有太大变化的人。比起喜欢变化的人，追求稳定的人和猫咪是更合拍的。

什么样的人不适合养猫?

没有获得家人允许的人

如果没有得到所有家庭成员的允许，那家庭环境就不是和猫咪一起生活的好环境。只有家人都同意，猫咪才能幸福地生活。

没有学习猫咪相关知识的人

养猫需要很多知识。只有了解猫咪，才能让猫咪健康成长且没有压力。刚开始可能有各种各样的不足，但至少要提前学习有关健康和安全的知识才行。

不愿意把钱花在猫咪身上的人

养猫花的钱会比想象的要多。除了每个月需要的猫砂、饲料的费用，还有医疗费。所以只有当你有余力且肯为猫咪花钱时才适合去养猫。

身为主人却没有责任感的人

只要把猫咪带回家，就要对它负责到底，这是最基本的道理。与此同时，还需要有关心他人的责任感。例如，当猫咪在宠物医院等待治疗时，请把猫咪放进航空箱内，否则猫咪在走来走去时可能会攻击周围的人。

CHECK LIST

成为好主人的四个秘诀

不要过度与猫咪进行身体接触

猫咪的心情很容易快速变化，可能前一分钟还在享受抚摸，后一分钟就变得不耐烦起来。如果这个时候还持续进行身体接触的话，猫咪就会感受到压力，感觉自己被束缚了。所以如果猫咪表现出不耐烦的样子，那就立即停止身体接触吧。

行动的时候不要吓到猫咪

猫是很敏感、很容易受惊的动物，对很细微的事物也会感到害怕，而且很容易感受到压力。在猫咪睡觉或休息的时候尤其需要注意，不要忽然抚摸它们，也不要在其周围发出很大的声音。

每天都要清理猫砂盆

猫咪对厕所很敏感，只要有一点脏，它就可能不愿意去小便，而忍着不小便就会有得膀胱炎的风险。所以要每天清理猫砂盆，努力维持一个清洁的环境。

不要奢求猫咪会服从

猫咪和狗不同，对猫咪来说，并没有无条件服从主人这一概念。猫咪即使服从之后听到主人的称赞，也不会像狗一样感觉到很大的喜悦。因此，如果你总是责备猫咪，希望它服从你的话，猫咪会感到有压力。

有趣的猫咪MBTI性格测试

以性格类型测验而闻名的MBTI（Myers-Briggs Type Indicator），大家都知道吧？我们通过这段时间积累的BEMYPET数据库，为大家准备了可以简单了解猫咪性格的“猫MBTI测试”。虽然结果不可能100%正确，但是通过猫咪平时的行为和外貌特征可以看出其大致的性格。回想一下家里猫咪的行为，回答以下10个问题，看看A、B、C中出现最多的选项是哪个。如果很难选择出准确答案的话，可以推测作答。

Test Start!

1.猫咪毛发的颜色中，哪种颜色最多？

A. 白色。 B. 黑色。 C. 灰色。

2.猫咪脸的轮廓是什么形状？

A. 圆形。 B. 方形。 C. 三角形。

3.平时在生活中，经常看到猫咪有哪种行为？

A. 在高处观察人类。

B. 在主人身旁坐着休息。

C. 吵闹着要主人陪它一起玩，或者追着主人跑。

4.当有陌生人来的时候，猫咪会出现什么行为？

A. 立即进入警戒状态，并逃到别处。

B. 离得远远的，安静地看着。

C. 最开始很警惕，没过多久就变得亲近。

5.家中的猫咪吃饭的状态是哪种？

A. 最开始不怎么吃，但在某一个瞬间碗就空了。

B. 想吃的时候就吃。

C. 饭一放到眼前，立刻吃干净。

6.当给猫咪新买的玩具时，它会怎样表现？

A. 连看都不看。

B. 刚开始还玩一玩，但很快就玩腻了。

C. 对玩具很有兴趣，玩了相对长的时间。

7. 当猫咪停下来的时候，尾巴的状态是怎样的？

A. 大部分时间向下垂着。

B. 大部分时间表现出较大的动作，尾巴慢慢摇晃。

C. 呈“一”字形竖立。

8.平时猫咪耳朵的样子是怎样的？

A. 大多时候朝向后面。

B. 不怎么动弹。

C. 左右动弹。

9.平时猫咪坐着的姿势是什么样的？

A. 四脚贴着地板坐着（狮身人面像姿势）。

B. “面包”姿势。

C. 充满活力的姿势（半躺着的姿势）。

10. 猫的体型特征是什么？

A. 身材略显苗条，体态轻盈。

B. 三围较粗、身体较短的矮胖体型。

C. 匀称体型。

猫咪MBTI性格测试结果

如果A多的话？

独立的猫咪战士

最有猫性的猫咪。这种猫咪喜欢独处的时光，对很细微的事情也很敏感。一方面很容易感到压力，另一方面又因为不太会表达感情，所以需要更加细心地管理。因此，要注意急剧的环境变化，给猫咪创造有稳定感的和平生活环境是非常重要的。这种猫咪的性格非常“个人主义”，主人可能会有点伤心。但它们对自己信任的人很有感情，这种性格是非常值得喜爱的，所以不要太伤心。

如果B多的话？

温顺且悠然自得的猫咪

安静沉稳的猫咪。它们性格比较文静，对主人有很深的感情。比起活泼的游戏，它们更喜欢和主人一起休息、一起伸懒腰。它们喜欢主人温柔地抚摸，所以请经常和它们进行身体接触。另外，因为它们胆小，可能会被大声说话的声音吓到，或者被陌生人吓一跳，所以最好给它们营造一个安静的环境。

如果C多的话？

爱撒娇又娇生惯养的猫咪

这类猫咪很有可能是感情丰富、爱撒娇的可爱性格。比起猫咪，性格更像狗。它们好奇心强，对新鲜事物、食物、人的兴趣浓厚，警戒心较弱。有时会试图逃离家门，所以要注意锁门。因为它们性格活泼，所以可以经常和它们玩狩猎游戏，这种性格的猫咪适合多猫家庭。

让流浪猫收获幸福的生活指南

走在街上，会看到很多闲逛的流浪猫。如今人们比任何时候都更关心与城市中的流浪猫共存的问题，很多人都会给流浪猫准备食物、零食和水。但是你知道吗，流浪猫是不能随便接近的。下面我们会告诉大家照顾流浪猫的正确方法。

流浪猫，不能随意喂养！

不能随意喂养流浪猫的原因是喂养会让它们失去野性。对于要过野生生活的流浪猫来说，对人类保持警戒心会对它们的生存有帮助。举个例子，如果流浪猫和人类接触得太多而失去了警戒心，那它们就很有可能成为某些讨厌流浪猫的人侵犯的对象。虽然现在人们对猫的认识比过去好了一些，但是还是有很多人伤害猫咪。

如果想照顾流浪猫，请保持一定的距离，以免让它们失去野性。即使猫咪主动过来撒娇，也最好不要让它靠近。

被剪掉耳朵的流浪猫?

有些流浪猫的耳朵尖端被剪掉了，这是完成 TNR 的标志。TNR 是 Trap（诱捕）、Neuter（绝育）、Return（放归）的简称，是指为了调节流浪猫的数量，将流浪猫安全捕获，进行绝育手术后放生回捕获它们的地方。它们不是被虐待的猫咪，不用担心。

请这样照顾流浪猫

打扫干净它们吃饭的地方

喂流浪猫食物的时候，为了不让周围出现虫子或恶臭，请把周围打扫干净。环境卫生和猫咪的健康息息相关。另外，如果不把喂饭的地方周围打扫干净，有可能会给附近的人带来不便。

在人少的地方给它们喂饭和水

在相对开放、人多的地方，猫咪很容易成为犯罪的目标，请不要带流浪猫到这种地方。对于流浪猫来说，水和食物一样重要。它们在路上很难找到干净的水，特别是在冬天，水冻得硬邦邦的，喝水很困难。如果想帮助它们，最好准备湿粮或温水。

领养流浪猫要慎重!

不要单纯地以可爱或可怜为理由领养流浪猫。你需要先判断猫咪是需要救助还是需要领养。如果面对的是流浪猫幼崽，那就更要慎重考虑。即使猫咪是单独一只，也可能是暂时和母猫分开。只有在至少8～12小时母猫不出现，或有眼屎、毛发聚集成团状等未经打理的情况下才需要救助。除此之外，遭受过虐待或有疾病的猫咪，以及与人频繁接触导致无法独自生活的猫咪也是救助对象。如果打算领养猫咪的话，首先要衡量一下自己居住的环境是否适合猫咪生活。和猫咪在一起的生活需要比想象中付出更多的努力，而且还要得到一起生活的家人的同意才好。